测量学实验与实习

主编　张　序
参编　连达军　刘　彤　王　颖

东南大学出版社

内 容 提 要

本书为测量学的实验与实习指导书，全书共分三部分：第一部分为测量实验与实习须知；第二部分为测量实验项目，共列出了22个实验项目，给出实验要求和实验方法并介绍了各种测量仪器的基本结构、使用方法和操作步骤，包括电子经纬仪、电子全站仪等先进测量仪器的使用；第三部分为测量实习指导书，列出了各专业实习测量工作的内容。

本书可作为高等院校土木工程、城市规划、环境工程、工程管理和地理信息系统等相关专业测量学实验与实习教材，也可作为工程技术人员的参考用书。

图书在版编目(CIP)数据

测量学实验与实习／张序主编. 一南京：东南大学出版社，2007.5（2024.1重印）

ISBN 978-7-5641-0722-2

Ⅰ.测… Ⅱ.张… Ⅲ.测量学—实验—高等学校—教学参考资料 Ⅳ.P2-33

中国版本图书馆CIP数据核字（2007）第056805号

出版发行：东南大学出版社
社　　址：江苏省南京市四牌楼2号（210096）
出 版 人：江建中
经　　销：江苏省新华书店
印　　刷：南京京新印刷有限公司
版　　次：2007年5月第1版
印　　次：2024年1月第16次印刷
书　　号：ISBN 978-7-5641-0722-2
开　　本：787mm×1092mm　1/16
印　　张：6.75
字　　数：168千
印　　数：38501～40000
定　　价：19.00元

前 言

本书作为应用型本科院校非测绘类专业《测量学》的配套教材，主要用于测量课程课间实验和期终课程综合实习。

测量学实验和实习是“测量学”课程从理论到实践，帮助学生巩固课堂所学知识，培养学生分析问题和解决问题的能力，训练学生实际测量作业技能的重要实践性教学环节。

全书共分三部分，第一部分为测量实验与实习须知；第二部分为测量实验项目，共列出了22个实验项目，有水准仪、经纬仪的认识、使用、检验及校正，精密水准仪认识及使用，电子经纬仪、电子全站仪的认识及使用，水准测量、角度测量、钢尺量距等基本测量步骤和方法，以及导线测量、碎部测量、建筑物轴线和高程测设、道路曲线测设、线路纵横断面图测绘，数字测图数据采集等测量内容和方法；第三部分为测量实习指导书，根据各专业测量实习的工作内容和要求，给出了实习的准备、计划及注意事项，实习的内容、方法和技术要求，实习的成果整理、技术总结和考核工作；最后给出了多个测量实验的附录表。

本书的第一部分，实验一至十二，实验十五、十九、二十、二十一由张序执笔；实验十三、十四、十八由连达军执笔；实验十六、十七、二十二由王颖执笔；第三部分、附录表由张序、刘彤执笔，得到了袁铭、杨朝辉、严勇、翁晓忠等老师的支持帮助，并提出了许多宝贵意见。同时，得到了苏州一光仪器有限公司的大力支持，在此表示衷心的感谢。全书由张序负责统稿工作。

潘国荣教授对全书进行了审阅，提出了许多宝贵的意见和建议，为提高本书的编写质量起到了重要作用，为此，谨致谢意。

由于编者水平有限，书中难免存在疏漏及错误，诚请使用本书的教师和同学以及其他读者批评指正。

编　者

2007年4月于江枫园

目　录

目　录

第一部分　测量实验与实习须知

测量学是一门实践性很强的技术基础课，测量实验与实习是测量学教学中不可缺少的环节。只有通过实验与实习，才能巩固课堂所学的基本理论知识，进而掌握测量仪器操作的基本技能和测量作业的基本方法。因此，必须对测量实验与实习予以高度重视。

一、测量实验的一般规定

1. 实验或实习前，必须阅读《测量学》的有关章节及《测量学实验与实习》的相应项目；实验时，必须携带《测量学实验与实习》，便于参照、记录有关数据和计算。

2. 实验或实习分小组进行，组长负责组织和协调工作，办理所用仪器、工具的借领和归还手续。

3. 实验或实习应在规定时间内进行，不得无故缺席或迟到、早退；应在指定的场地进行，不得擅自改变地点。

4. 必须遵守实验室的《测量仪器工具的借用规则》；应该听从教师的指导，严格按照实验或实习要求，认真、按时、独立地完成任务。

5. 测量记录应该用正楷书写文字和数字，不可潦草，记录应该用2H或3H铅笔。在规定表栏中，应将仪器型号、编号、日期、天气、观测者、记录者、测站和已知数据等填写齐全。

6. 记录者听取观测者报出读数后，应向观测者回报读数，以免记错。

7. 记录数字若发现有错误，不得涂改，也不得用橡皮擦拭，而应该用细横线划去错误数字，在原数字上方写出正确数字，并在备注栏内说明原因。观测数据的尾数不得更改。记录数据要完整（如水准尺读数1.500，度盘读数$136°08'00''$），不可将零尾数省略。

8. 根据观测结果，应当场作必要的计算，并进行必要的成果检验，以决定观测成果是否合格，是否需要进行重测（返工）。只有在确认无误后，方可迁站或结束。

9. 数据运算中，按“4舍6入，5前单进、双舍”的规则进行凑整，如1.5244 m，1.5236 m，1.5245 m，1.5235 m等，这些数字若取至毫米位，则均可记为1.524 m。

10. 实验或实习结束时，应把观测记录和实验报告交指导教师审阅。经教师认可后，方可收拾仪器和工具，作必要的清洁工作，向实验室归还仪器和工具，结束实验。

二、测量仪器的使用规则和注意事项

测量仪器是比较贵重的设备，尤其是目前在向精密光学、机械化、电子化方向发展而使其功能日益先进的同时，其价格也更为昂贵。对测量仪器的正确使用、精心爱护和科学保养，是从事测量工作的人员必须具备的素质和应该掌握的技能，也是保证测量成果的质量、提高测量工作效率、发挥仪器性能和延长其使用年限的必要条件。为此，特制定下列测量仪器使用规则和注意事项，在测量实验或实习中应严格遵守和参照执行。

1. 仪器、工具的借用

(1) 以实验小组为单位借用测量仪器和工具，按小组编号在指定地点凭学生证向实验室人员办理借用手续。

(2) 借用时，按本次实验的仪器、工具清单当场清点，检查实物与清单是否相符，仪器工具及其附件是否齐全，背带及手提是否牢固，三脚架是否完好。如有缺损，进行修补或更换后领出。

(3) 搬运前，必须检查仪器箱是否锁好；搬运时，必须轻取轻放，避免剧烈震动和碰撞。

(4) 实验或实习结束后，应及时收装仪器、工具，清除接触土地的部件(脚架、尺垫等)上的泥土，送还借用处检查验收。如有遗失或损坏，应写出书面报告说明情况，进行登记，并应按有关规定赔偿。

2. 仪器的安装

(1) 先将仪器的三脚架在地面安置稳妥。安置经纬仪的三脚架必须与地面点大致对中，架头大致水平。若为泥土地面，应将脚尖踩入土中；若为坚实地面，应防止脚尖有滑动的可能性。然后开箱取仪器。仪器从箱中取出之前，应看清仪器在箱中的正确安放位置，避免装箱时发生困难。

(2) 取出仪器时，应先松开制动螺旋，用双手握住支架或基座，轻轻安放到三脚架头上，一手握住仪器，一手拧连接螺旋，最后拧紧连接螺旋，使仪器与三脚架连接牢固。

(3) 安装好仪器以后，随即关闭仪器箱盖，防止灰尘等进入箱内。严禁坐在仪器箱上。

3. 仪器的使用

(1) 仪器安装在三脚架上之后，不论是否在观测，必须有人守护，禁止无关人员拨弄，避免路过的行人和车辆碰撞。

(2) 仪器镜头上的灰尘，应该用仪器箱中的软毛刷拂去或用镜头纸轻轻擦拭，严禁用手指或手帕等擦拭，以免损坏镜头上的药膜。观测结束后，应及时套上物镜盖。

(3) 在阳光下观测，应撑伞防晒，雨天禁止观测；对于电子测量仪器，在任何情况下，均应撑伞防护。

(4) 转动仪器时，应先松开制动螺旋，然后平稳转动；使用微动螺旋时，应先旋紧制动螺旋(切不可拧得过紧)；微动螺旋不要旋到顶端，即应使用中间的一段螺纹。

(5) 仪器在使用中发生故障时，应及时向指导教师报告，不得擅自处理。

4. 仪器的搬迁

(1) 在行走不便的地段搬迁测站或远距离迁站时，必须将仪器装箱后再搬。

(2) 近距离或在行走方便的地段迁站时，可以将仪器连同三脚架一起搬迁。先检查连接螺旋是否旋紧，松开各制动螺旋，如为经纬仪，则将望远镜物镜向着度盘中心，均匀收拢各三脚架腿，左手托住仪器的支架或基座，右手抱住脚架，稳步行走。严禁斜扛仪器进行搬迁。

(3) 迁站时，应带走仪器所有附件和工具等，防止遗失。

5. 仪器的装箱

(1) 实验结束，仪器使用完毕，应清除仪器上的灰尘，套上物镜盖，松开各制动螺旋，将脚螺旋调至中段并使大致同高。一手握住仪器支架或基座，一手旋松连接螺旋使之与三脚架脱离，双手从脚架头上取下仪器。

(2) 仪器放入箱内，使正确就位，试关箱盖，确认放妥(若箱盖合不上口，说明仪器位置未放置正确，应重放。切不可强压箱盖，以免损伤仪器）后，再拧紧仪器各制动螺旋，然后关箱，搭扣，上锁。

(3) 清除箱外的灰尘和三脚架脚尖上的泥土。

(4) 清点仪器附件和工具。

6. 测量工具的使用

(1) 使用钢尺时，应使尺面平贴地面，防止扭转、打圈，防止行人踩踏或车轮碾压，尽量避免尺身沾水，量好一尺段再向前量时，必须将尺身提起离地，携尺前进，不得沿地面拖尺，以免磨损尺面刻划甚至折断钢尺。钢尺用毕，应将其擦净并涂油防锈。

(2) 皮尺的使用方法基本上与钢尺的使用方法相同，但量距时使用的拉力应小于使用钢尺时的拉力。皮尺沾水的危害更甚于钢尺，皮尺如果受潮，应晾干后再卷入盒内。卷皮尺时，切忌扭转卷入。

(3) 使用测图板时，应注意保护板面，不得乱写乱扎，不能施以重压。

(4) 使用水准尺和标杆时，应注意防止受横向压力，防止竖立时倒下，防止尺面刻划受磨损。标杆不能作棍棒使用。

(5) 小件工具（如垂球、测钎、尺垫等）用完即收，防止遗失。

第二部分　测量实验项目

测量实验是“测量学”课堂教学期间讲授某一章节以后安排的实践性教学环节。通过测量实验，加深对测量基本概念的理解，初步掌握测量工作的实际操作技能，也为课程后续内容的学习打好基础。本书列出22个测量实验项目，有几项是基本的，有几项是结合专业的或综合的；有些实验可分次进行，有些实验可合并进行，其顺序基本上按照“测量学”学习的次序安排。实验项目应由教师在每次布置实验课任务时通知，以便预习，在实验前明确实验的内容和要求。

每次实验一般为2学时，实验小组人数一般为3～4人，但也应根据实验的具体内容以及仪器设备条件作灵活安排，以保证每人都能参与观测、记录、做辅助工作等实践。每项实验所附的测量记录表格，应在观测时当场记录，并进行必要的计算，在实验结束时上交。

实验一　水准仪的认识及使用(DS3)

一、目的和要求

(1) 了解 DS3 级微倾式水准仪的基本构造和性能，认识其主要部件的名称和作用。

(2) 练习水准仪的安置、瞄准、读数。

(3) 练习普通水准测量的施测、记录和计算方法。

二、计划和设备

(1) 实验安排 2 学时。实验小组由 4 人组成，1 人操作仪器，1 人记录，2 人立尺，轮流操作。

(2) 每组 DS3 级微倾式水准仪 1 台，水准尺 2 根，记录板 1 块。

三、方法和步骤

1. 认识水准仪的构造和各部件的名称

图 1－1 为 DS3 级微倾式水准仪的外形及各部件的名称。

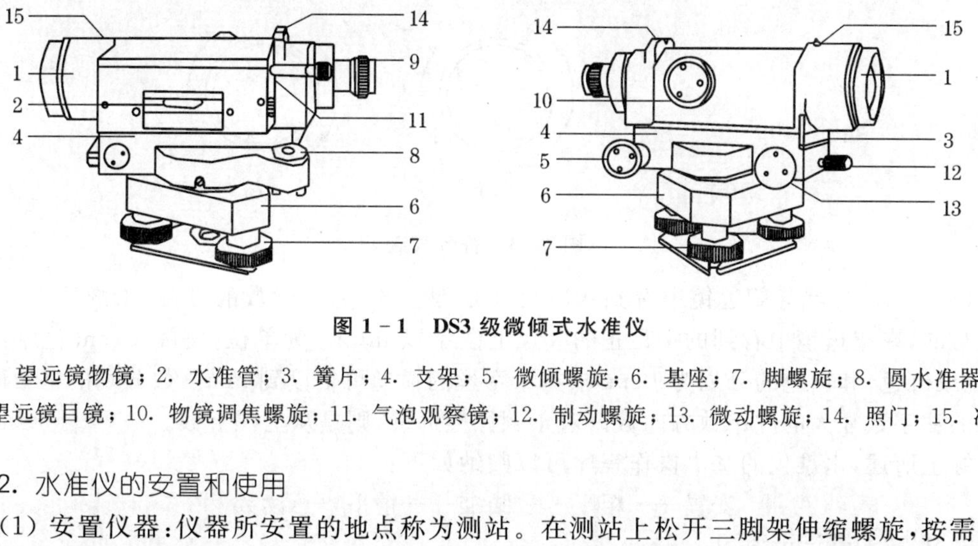

图 1－1　DS3 级微倾式水准仪

1. 望远镜物镜；2. 水准管；3. 簧片；4. 支架；5. 微倾螺旋；6. 基座；7. 脚螺旋；8. 圆水准器；9. 望远镜目镜；10. 物镜调焦螺旋；11. 气泡观察镜；12. 制动螺旋；13. 微动螺旋；14. 照门；15. 准星

2. 水准仪的安置和使用

(1) 安置仪器：仪器所安置的地点称为测站。在测站上松开三脚架伸缩螺旋，按需要调整架腿的长度，将螺旋拧紧。先将三脚架架腿，使架头大致水平，把三脚架的脚尖踩入土中；然后把水准仪从箱中取出，放到三脚架架头上，一手握住仪器，一手将三脚架架头上的连接螺旋旋入仪器基座内，拧紧，并检验是否已真正连接牢固，关上仪器箱。

(2) 粗平：水准仪的粗平是通过旋转仪器的脚螺旋使圆水准的气泡居中而达到的。如图 1－2 所示，按“左手拇指规则”旋转一对脚螺旋(图 1－2(a))和第三个脚螺旋(图 1－2(b))，使气泡居中。这是置平测量仪器的基本功，必须反复练习。

(3) 瞄准：望远镜瞄准目标前，先进行目镜调焦，使十字丝最清晰；放松制动螺旋，转动望远镜，通过望远镜上的照门和准星初步瞄准水准尺，旋紧制动螺旋；进行物镜调焦，使水准尺分划成像清晰；旋转微动螺旋，使水准尺像的一侧靠近十字丝纵丝(便于检查水准尺是否竖直)；眼睛略作上下移动，检查十字丝与水准尺分划像之间是否有相对位移(视差)；如果存在视差，则重新进行目镜调焦和物镜调焦，以消除视差。

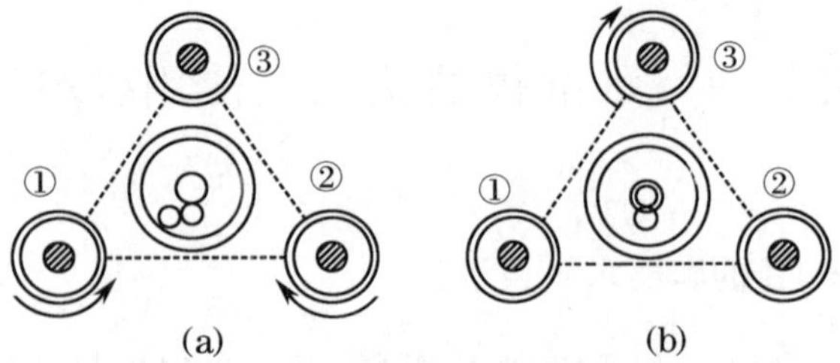

图 1-2　使圆水准器气泡居中

(4) 精平：精平使水准管气泡居中，使水准仪的视线水平，是水准测量中关键性的一步。转动微倾螺旋，使水准管气泡居中；从目镜左方的符合气泡观察窗可以看到气泡两个半边的像，如图 1-3 所示，当两边的像符合时，水准管气泡居中。注意微倾螺旋转动方向与水准管气泡像移动方向的一致性。

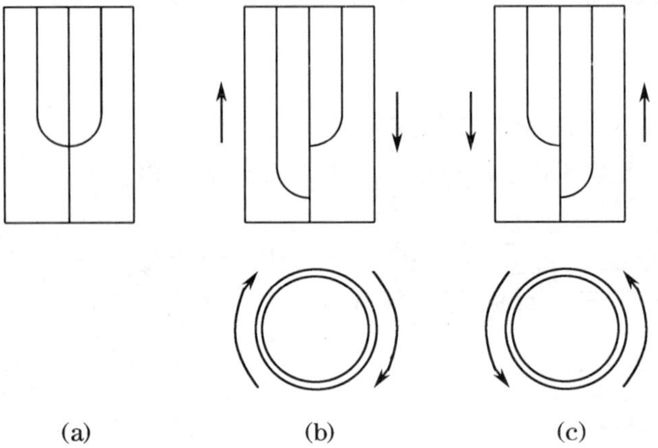

图 1-3　符合气泡

(5) 读数：在倒像望远镜中看到水准尺像是倒立的，为了读数的方便，水准尺上的注字是倒写的，在望远镜中看到的字是正的。尺上注字以 m(米)为单位，每隔 10 cm 注字，每个黑色(或红色)和白色的分划为 1 cm，根据十字丝的横丝可估读到 mm。数分划的格数时，应从小的注字数往大的注字数方向数。对于倒像望远镜，则是从上往下数。

综上所述，水准仪的基本操作程序可以归纳如下：

安置——粗平——瞄准——精平——读数

3. 水准测量记录练习

每人练习水准仪安置和操作方法以后，对两支竖立的水准尺分别进行瞄准、精平、读数，并在附录表 1-1“水准仪的认识与使用”中做记录，计算两水准尺立尺点的高差。该记录表作为本次实验成果上交。

4. 自动安平水准仪的使用

图 1-4 所示为 DSZ2 型自动安平水准仪的外形及各部件的名称。

自动安平水准仪利用圆水准器粗平仪器，仪器中的补偿棱镜在地球重力的作用下自动使仪器视准轴的水平(精平)，操作较一般水准仪简便，又可防止一般水准仪在操作中忘记精平的失误。其操作步骤如下：

（1）安置三脚架和连接仪器：选好测站，安放三脚架，使架头大致水平，用连接螺旋使水准仪与三脚架固连。对于 C30 型的球面三脚架头，将水准仪连接上后，略为旋松连接螺旋，轻轻推动仪器在球面上滑动，使圆水准器的气泡约有一半以上进入中央圆圈，旋紧连接螺旋。

（2）粗平：按"左手拇指规则"旋转仪器脚螺旋，使圆水准器的气泡严格居中，使补偿棱镜在补偿范围内使视准轴水平。

（3）瞄准：轻轻地在水平方向转动仪器，使望远镜上的瞄准器指向水准尺，用水平微动螺旋从望远镜中瞄准目标；旋转目镜调焦环使十字丝清晰，旋转物镜调焦螺旋使水准尺成像清晰；检查是否存在视差，如有，则再作对光调整。

（4）读数：自动安平水准仪的读数与一般水准仪相同。

(a)

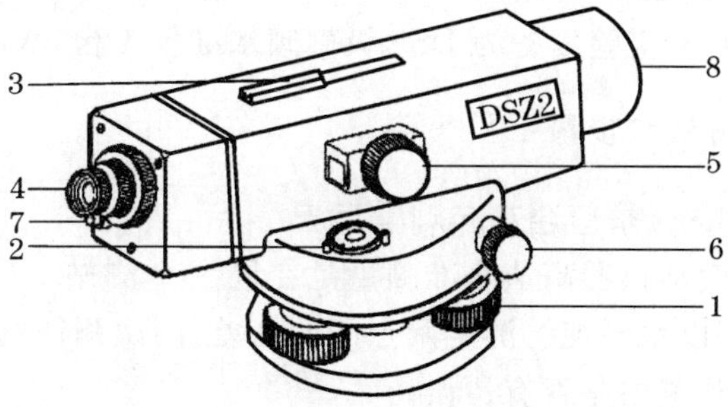

(b)

图 1-4　DSZ2 型自动安平水准仪

1. 脚螺旋；2. 圆水准器；3. 瞄准器；4. 目镜调焦螺旋；5. 物镜调焦螺旋；6. 微动螺旋；7. 补偿器检查按钮；8. 物镜

四、注意事项

（1）仪器安放到三脚架架头上，必须旋紧连接螺旋，使连接牢固。

（2）水准仪在读数前，必须使长水准管气泡严格居中。

（3）瞄准目标必须消除视差。

（4）从水准尺上读数必须读 4 位数：m，dm，cm，mm。不到 1 m 的读数，第一位数为零；如为整分米、整厘米读数，相应的位数也应补零。

实验二　普通水准测量(变动仪器高法)

一、目的和要求

(1) 练习水准测量测站和转点的选择、水准尺的立尺方法、测站上的仪器操作。

(2) 掌握水准测量(两次仪器高法)的施测、记录、高差闭合差调整和高程计算的方法。

二、计划和设备

(1) 实验安排 2 学时。实验小组由 4 人组成,轮流分工为:1 人操作仪器,1 人记录,2 人立水准尺。

(2) 实验设备为 DS3 级微倾水准仪 1 台,水准尺 2 根,尺垫 2 只,记录板 1 块。

三、方法和步骤

1. 了解普通水准测量方法

变动仪器高法水准测量是在同一个测站上安置两次不同高度(相差 10 cm 以上)的仪器,都以水平视线测定两点间的高差,两次测得的高差在理论上应该相等,用来检查每一测站在观测中是否有错误。

2. 变动仪器高法水准测量

(1) 从实验场地的某一水准点出发,选定一条闭合水准路线,其长度以安置 4～5 个测站、视线长度 40～60 m 为宜。立尺点可以选择有凸出点的固定地物或安放尺垫。

(2) 在起点(某一水准点)与第一个立尺点的中间(前、后视的距离大致相等,用目估或步测)安置水准仪并粗平,观测者按下列顺序观测:

后视立于水准点上的水准尺,瞄准,精平,读数;

前视立于第一点上的水准尺,瞄准,精平,读数;

改变水准仪高度(10 cm 以上),重新安置水准仪;

前视立于第一点上的水准尺,瞄准,精平,读数;

后视立于水准点上的水准尺,瞄准,精平,读数。

(3) 观测者的每次读数,记录者应当场记下;后视、前视完毕,应当场计算高差,并作测站检核。本实验记录于附录表 2-1“普通水准测量记录”。

(4) 依次设站,用相同的方法进行观测,直至回到出发的点。

(5) 全路线施测完毕,应作线路检核,计算前视读数之和、后视读数之和、高差之和。同时,在附录表 2-2“高差误差配赋表”中进行水准测量成果计算。

四、注意事项

(1) 当水准仪瞄准、读数时,水准尺必须立直。尺子的左、右倾斜,观测者在望远镜中根据纵丝可以发现,而尺子的前后倾斜则不易发现,立尺者应注意。

(2) 每一测站,两次仪器高测得两个高差值之差不应大于 6 mm(等外水准容许值),否则该测站应重测。

(3) 每一测站，通过上述测站检核，才能搬站；仪器未搬迁时，前、后视水准尺的立尺点如为尺垫，则均不得移动。仪器搬迁了，说明已通过测站检核，后视的立尺人才能携尺和尺垫前进至另一点；前视的立尺人仍不得移动尺垫，只是将尺面转向，由前视转变为后视。

(4) 闭合线路的高差闭合差不应大于 $\pm 12\sqrt{n}$(山地)，n 为测站数。

(5) "普通水准测量记录"表应全部填写完毕，及在"高差误差配赋表"中计算的水准测量成果，作为本次实验的成果上交。

实验三　四等水准测量(双面尺法)

一、目的和要求

(1) 进一步熟悉水准仪的操作,掌握用双面水准尺进行四等水准测量的观测、记录和计算方法。

(2) 熟悉四等水准测量的主要技术指标,掌握测站和路线的检核方法。

二、计划和设备

(1) 实验安排 2 学时。实验小组由 4 人组成,轮流分工为:1 人操作仪器,1 人记录,2 人立水准尺。

(2) 实验设备为 DS3 级微倾式水准仪 1 台,双面水准尺 2 根,尺垫 2 只,记录板 1 块。

三、方法和步骤

1. 了解四等水准测量的方法

双面尺法四等水准测量是在小地区布设高程控制网的常用方法,是在每个测站上安置一次水准仪,但分别在水准尺的黑、红两面刻划上读数,可以测得每次高差,进行测站检核。除此以外,还有其他一系列的检核方法。

2. 四等水准测量的实验

(1) 从实验场地的某一水准点出发,选定一条闭合水准路线;或从一个水准点出发至另一水准点,选定一条附合水准路线。路线长度为 200～400 m,设置 4～6 个测站,视线长度为 30 m 左右。立尺点可以选择有凸出点的固定地物或安放尺垫。

(2) 安置水准仪的测站至前、后视立尺点的距离(用步测或用视距测量)应大致相等。在每一测站,按下列顺序进行观测:

后视水准尺黑色面——读上、下丝读数,精平,读中丝读数;

前视水准尺黑色面——读上、下丝读数,精平,读中丝读数;

前视水准尺红色面——精平,读中丝读数;

后视水准尺红色面——精平,读中丝读数。

(3) 记录者在附录表 3－1“四等水准测量记录”中按表头标明次序 (1)～(8),记录各个读数,(9)～(10)为计算结果:

后视距离 (9) ＝ 100×{(1)－ (2)}

前视距离 (10) ＝ 100×{(4)－ (5)}

视距之差 (11) ＝ (9)－(10)

∑视距差 (12) ＝上站(12)＋本站(11)

红黑面差 (13)＝(6)＋K－(7),(K＝4 687 或 4 787)

(14)＝(3)＋K－(8)

黑面高差 (15)＝(3)－(6)

红面高差 (16)=(8)-(7)

高差之差 (17)=(15)-(16)=(14)-(13)

平均高差 (18)=$\frac{1}{2}$\{(15)+(16)\}

四等水准测量的技术限差规定如表 3-1。

表 3-1　四等水准测量的技术限差

视线高度(m)	视线长度(m)	前、后视视距差(m)	前、后视距累积差(m)	红、黑面读数差(mm)	红、黑面高差之差(mm)
>0.2	≤80	≤5	≤10	≤3	≤5

每站读数结束[(1)～(8)],随即进行各项计算[(9)～(16)],并按表 3-1 进行各项检验,满足限差要求后才能搬站。

(4) 依次设站,用相同的方法进行观测,直至线路终点,计算线路的高差闭合差。按四等水准测量的规定,线路高差闭合差的容许值为$\pm 20\sqrt{L}$ mm。L 为线路总长(单位:km)。

四、注意事项

(1) 四等水准测量比工程水准测量有更严格的技术规定,要求达到更高的精度,其关键在于:前、后视距要相等(在限差以内);从后视转为前视(或相反),望远镜不能重新调焦;水准尺应完全竖直,最好用附有圆水准器的水准尺。

(2) 每站观测结束,应立即进行计算和检核,若有超限,则应重测该站。全线路观测完毕,线路高差闭合差在容许范围以内方可收测,结束实验。

(3) 实验结束后,应上交经过各项检核计算后的附录表 3-1“四等水准测量记录”,及在附录表 3-2“高差误差配赋表”中计算的成果。

实验四　水准仪的检验及校正(DS3)

一、目的和要求

(1) 了解水准仪各轴线间应满足的条件。

(2) 掌握DS3级微倾式水准仪的检验及校正的方法。

二、计划和设备

(1) 实验安排2学时。实验小组由4人组成,轮流分工为:1人观测、检校,1人记录,2人立尺或将水准尺固定在实验场地的固定地物上。

(2) 实验设备为DS3级微倾式水准仪1台,水准尺2根,尺垫2个,小螺丝刀1把,校正针1根,记录板1块。

三、方法和步骤

1. 水准仪的轴线及其应满足的几何关系

如图4-1所示,水准仪的主要轴线有:CC_1为望远镜视准轴,LL_1为水准管轴,$L'L_1'$圆水准器轴,VV_1为竖轴。在进行水准测量时,水准仪必须提供一条水平视线。因此,水准仪的视准轴必须平行于水准管轴($LL_1//CC_1$),这是水准仪应满足的主要条件。此外,水准仪还应满足以下两个条件:①圆水准器轴平行于仪器的纵轴($L'L_1'//VV_1$);②十字丝的中丝(横丝)垂直于仪器的纵轴。

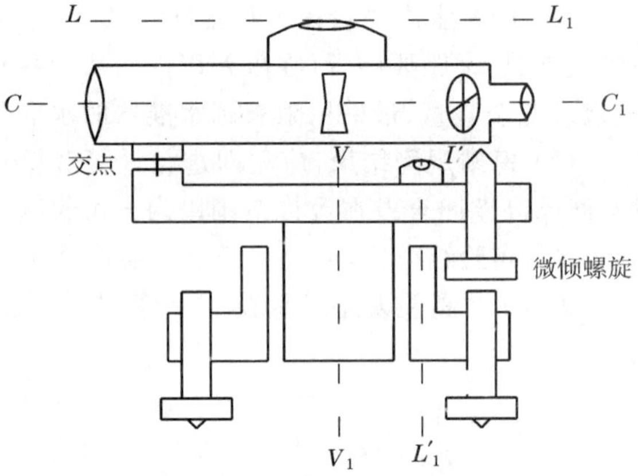

图4-1　水准仪的轴线

2. 水准仪检验与校正

(1) 圆水准器轴平行于纵轴的检验和校正

如图4-2所示,转动脚螺旋使圆水准器气泡居中,将水准仪绕纵轴旋转180°后,若气泡仍居中,说明$L'L_1'//VV_1$的条件满足,否则需要校正。校正的方法是:先稍松圆水准器底部

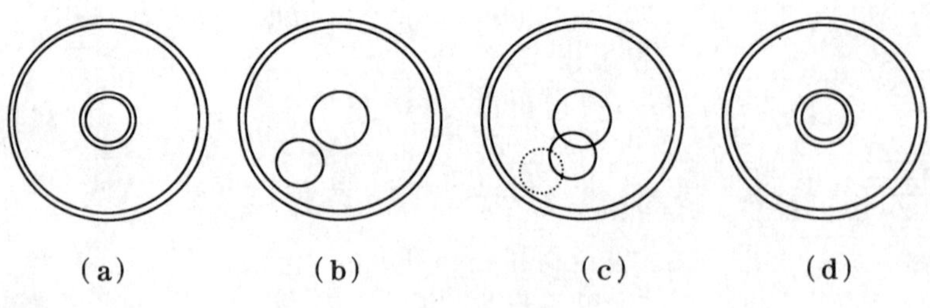

图4-2　圆水准器的检验与校正

中央的固定螺丝，转动脚螺旋，使气泡返回偏移量的一半（图 4－2(b)），然后用校正针拨圆水准器底下的三个校正螺丝使气泡居中，如图 4－3、图 4－4 所示。如此反复检校几次，直至水准仪转至任何方向圆水准器气泡都不偏离中央为止，最后旋紧固定螺丝。

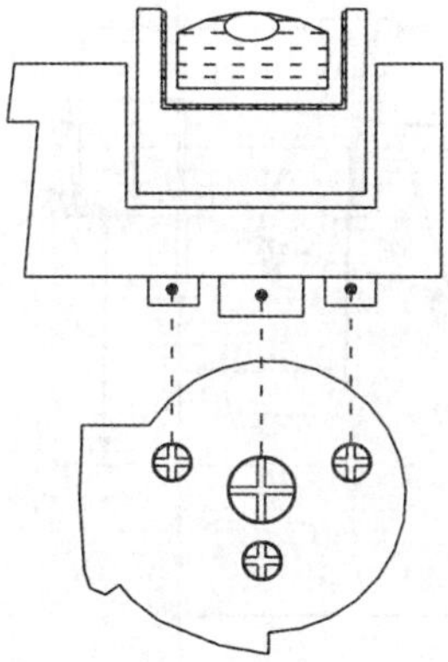

图 4－3 圆水准器的校正螺丝

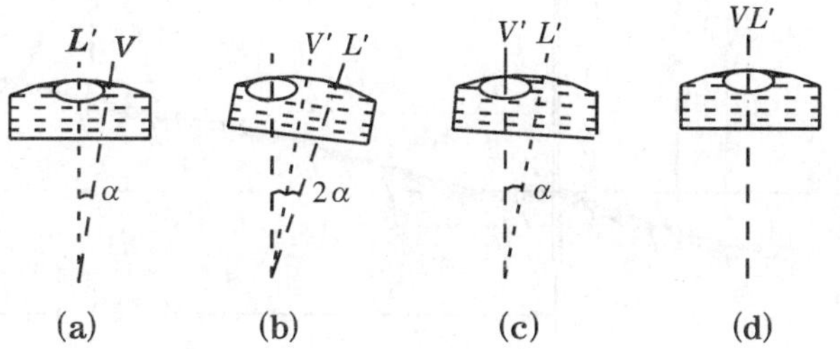

图 4－4 圆水准器校正原理

(2) 十字丝横丝垂直于纵轴的检验及校正

如图 4－5 所示，置平水准仪，以十字丝横丝一端瞄准某一标志 P，旋紧制动螺旋，转动水平微动螺旋，若横丝始终不离开标志，则说明十字丝横丝垂直于仪器纵轴，否则需要校正。

校正时，旋下十字分划板护罩，用小螺丝刀松开十字丝外环固定螺丝，微微转动外环，使水平方向微动时横丝不离开标志，最后旋紧十字丝外环固定螺丝，并旋上十字丝分划板护罩。

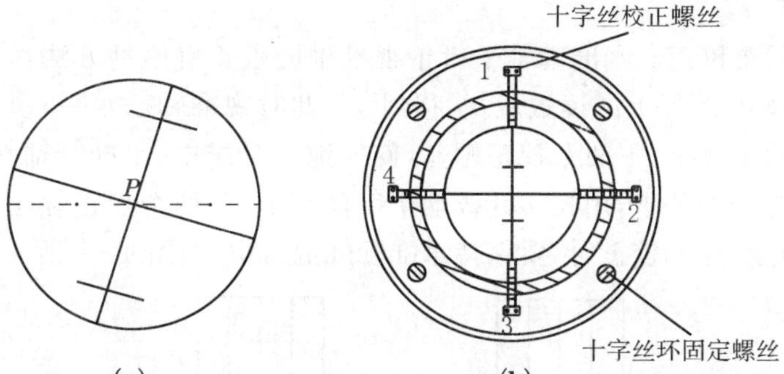

图 4－5 十字丝的检验和校正

(3) 水准管轴平行于视准轴的检验及校正

如图 4－6 所示，在平坦地面上选定相距 60～80 m 的 A、B 两点（打木桩或安放尺垫），竖立水准尺。先将水准仪安置于 A、B 的中点 C，精平仪器后分别读取 A、B 点上水准尺的读数 a_1'、b_1'；改变水准仪高度 10 cm 以上，再重读两尺的读数 a_1''、b_1''。前后两次分别计算高差，高差之差如果不大于 5 mm，则取其平均数，作为 A、B 两点间不受 i 角影响的正确高差：

$$h_{AB}'=\frac{1}{2}[(a_1'-b_1')+(a_1''-b_1'')]$$

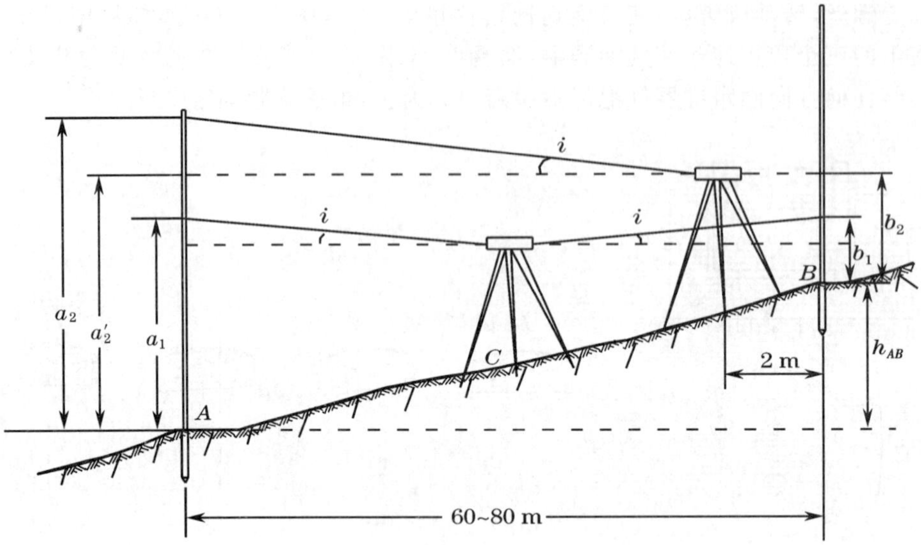

图 4-6　水准管轴平行于视准轴的检验

将水准仪搬到与 B 点相距约 2 m 处，精平仪器后分别读取 A、B 点水准尺读数 a_2、b_2，又测得高差 $h''_{AB}=a_2-b_2$。如果 $h'_{AB}=h''_{AB}$，说明水准管轴平行于视准轴；否则，按下列公式计算 A 尺上的应有读数以及水准管轴与视准轴的交角（视线的倾角）i：

$$a_2'=h'_{AB}+b_2$$

$$i=\frac{|a_2-a_2'|}{D_{AB}}\rho''$$

式中：D_{AB}——A、B 两点间的距离；

$\rho''=206\,265''$。

当 $i>20''$时，需要校正。水准管轴平行于视准轴的校正有两种方法：①校正水准管：转动微倾螺旋，使横丝在 A 尺上的读数从 a_2 移到 a_2'，此时视准轴已水平，但水准管气泡不居中，用校正针拨动水准管上、下两个校正螺丝，使气泡回复居中（水准管轴水平）。②校正十字丝：卸下十字丝分划板外罩，用校正针拨动十字丝环上、下两个校正螺丝，移动横丝，使对准 A 尺上的正确读数 a_2'。校正时，要保持水准管气泡居中，如图 4-7 所示。

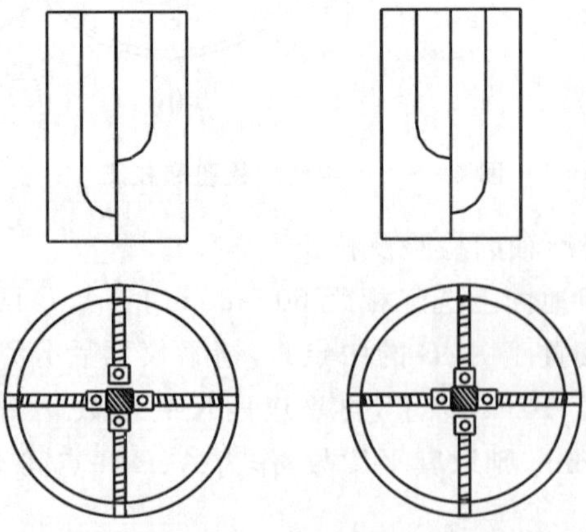

图 4-7　水准管的校正

(4) 自动安平水准仪的检验及校正

圆水准轴平行于纵轴的检验及校正同一般水准仪。当圆水准器气泡居中时，视线水平的检验同一般水准仪的水准管轴平行于视准轴的检验，但只能校正十字丝，图 4-4 所示为卸去十字丝分划板外罩后所见十字丝校正螺丝以及校正针的使用。

自动安平水准仪还应增加一项补偿棱镜功能正常的检验：瞄准水准尺并读数，用手轻击三脚架架腿，可看到十字丝产生震动，但如果很快能稳定下来，并且横丝仍瞄准原来的读数，则说明补偿棱镜的功能正常。

四、注意事项

(1) 必须按照实验步骤规定的顺序进行检验校正，不能任意颠倒。

(2) 转动校正螺丝时，应先松后紧，一次松紧的范围要小；校正完毕，校正螺丝应处于稍紧状态。

(3) 实验结束后，应上交附录表 4-1“水准仪的检验与校正”。

实验五　精密水准仪的认识及使用(DS1)

一、目的和要求

(1) 了解精密水准仪的基本构造和性能,认识其主要部件的名称及作用。

(2) 练习精密水准仪的安置、瞄准、读数和高差计算。

二、计划和设备

(1) 实验安排 2 学时。实验小组由 4 人组成。轮流分工为:1 人操作仪器,1 人记录,2 人立尺。

(2) 每组的实验设备为 DS1 (N3 或 Ni004)级精密水准仪 1 台,水准尺 2 根,记录板 1 块。

三、方法和步骤

1. 认识精密水准仪的构造和各部件的名称

图 5-1 所示为 DS1 级精密水准仪的外形及各部件的名称。

DS1 级精密水准仪望远镜的放大率为 40 倍,水准管分划值为 10″/2 mm,配合使用的为 5 mm 分划的精密水准尺,转动测微螺旋,可以使水平视线在 5 mm 范围内做上下平行移动,测微分划尺有 100 个分格,分格值为 0.05 mm。

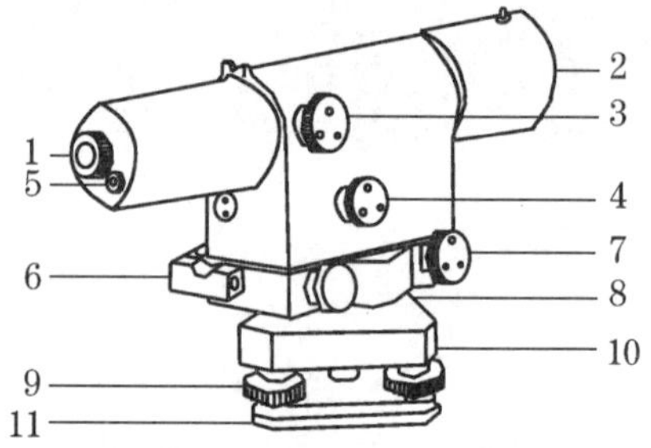

图 5-1　DS1 级精密水准仪

1. 目镜调焦螺旋; 2. 物镜; 3. 物镜调焦螺旋; 4. 测微螺旋; 5. 测微器读数镜; 6. 粗平水准管; 7. 微动螺旋; 8. 微倾螺旋; 9. 脚螺旋; 10. 基座; 11. 底板

精密水准尺的分划印刷在因瓦合金钢带上,由于这种合金的温度膨胀系数很小,因此,水准尺的长度准确而稳定。为了使因瓦合金钢带不受木质尺身伸缩的影响,以一定的拉力将其引张在木质尺身的凹槽内。水准尺的分划为线条式,如图 5-2 所示。水准尺的分划值有 10 mm 和 5 mm 两种,与所用水准仪的测微器相配合。

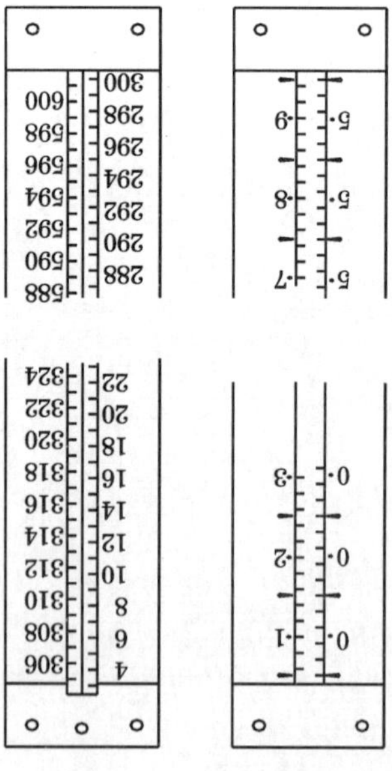

(a)　　(b)

图 5-2　精密水准尺

10 mm 分划的精密水准尺如图 5-2(a)所示。它有两排分划,右边一排注记为 0～300 cm,称为基本分划;左边一排注记为 300～600 cm,称为辅助分划。同一高度的基本分划与辅助分划相差一个常数 301.55 cm,称为基辅差,又称尺常数,用以检查读数中是否存在错误。5 mm 分划的精密水准尺如图5－2(b)所示。它也有两排分划，彼此错开 5 mm。因此，实际上，左边是单数分划，右边是双数分划，右边注记是米数，左边注记是分米数，分划注记值比实际数值大了 1 倍。所以，用这种水准尺所测得的读数应除以 2 才为实际的高度。

为了免去对尺上厘米分划以下的估读，进一步提高读数精度，精密水准仪上具有平行玻璃板测微装置。视线(仪器的视准轴)经过倾斜的平行玻璃板时，产生上下的平行移动，使原来并不对准尺上某一分划的视线精确对准某一分划，由此可以读到一个整分划读数，而其尾数(即视线在尺上的上下平行移动量)则由测微器上的精细分划读出(直读 0.1～0.05 mm)。

2. 精密水准仪的安置和操作

(1) 安置三脚架和连接仪器：在选好的测站上松开脚架伸缩螺旋，按需要调整高度，架头大致保持水平，旋紧脚架伸缩螺旋。将仪器用连接螺旋固定在架头上。

(2) 粗平：转动脚螺旋，使圆水准器或粗平水准管气泡居中，导致仪器的纵轴大致铅垂，为在各个方向用微倾螺旋精密定平仪器创造条件。

(3) 瞄准：把望远镜对准水准尺，进行目镜调焦和物镜调焦，使十字丝和水准尺像十分清晰，消除视差。具体操作方法同普通水准仪。

(4) 精平：转动微倾螺旋，使水准管气泡严格居中(符合)，从而使望远镜的视准轴处于水平位置。可以在水准管气泡观察镜中看到气泡两端的影像，使气泡两端的像符合。

(5) 读数：水准仪精平后，视线水平。通过测微装置使视线平行移动，为了能精确地对准水准尺上某一分划，精密水准仪的十字丝横丝一侧刻成楔形的双丝，用它去"夹住"某一分划。图 5－3 所示为 DS1 水准仪目镜视场。读数时，转动测微轮，使楔形丝夹住某一分划，读出整分划数，图中整分划读数为 1.97 m；然后从测微读数显微镜中读得尾数 1.50 mm，全部读数为 1.971 50 m。由于这种水准尺为 5 mm 分划，注记比实际长度大 1 倍，因此，实际读数应为 (1.971 50/2) m，0.985 75 m。

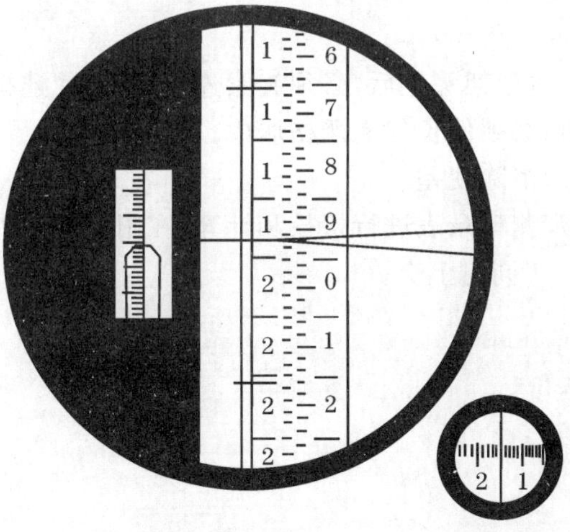

图 5－3　DS1 水准仪目镜视场及测微器读数镜视场

3. 精密水准测量记录

每人练习精密水准仪的安置和操作以后，对两根水准尺分别进行瞄准、精平、读数，并在附录表 5－1"精密水准测量记录"中作观测记录、测站检核和计算两水准尺立尺点的高差。

该记录表的记录和计算作为本次实验的成果上交。

记录和计算方法如下：

附录表 5－1 中第(1)～(8)栏是读数的记录部分，其中，(1)、(2)为后视水准尺基本分划的上、下丝读数；(3)为后视水准尺基本分划的中丝读数；(4)为前视水准尺基本分划的中丝读数；(5)、(6)为前视水准尺基本分划的上、下丝读数；(7)为前视水准尺辅助分划的中丝读数；(8)为后视水准尺辅助分划的中丝读数；(9)～(18)栏是计算部分。

视距部分的计算：

(9)＝(1)－(2)

(10)＝(5)－(6)

(11)＝(9)－(10)

(12)＝(11)＋(12)前站

高差部分的计算及检核：

(14)＝(3)＋K－(8)

(13)＝(4)＋K－(7)

式中：K——基辅差。

(15)＝(3)－(4)

(16)＝(8)－(7)

检核：(17)＝(14)－(13)＝(15)－(16)

高差：(18)＝$\frac{1}{2}${(15)＋(16)}

当用 DS1 型或 Ni004 型水准仪进行观测时，由于与这种水准仪配套的水准尺无辅助分划，因此，记录表格中基本分划和辅助分划的记录栏内，分别以第一次和第二次读数表示。另外，由于水准尺的分划为 5 mm，因此所得高差应除以 2。

四、注意事项

(1) 水准仪安放到三脚架架头上后，必须旋紧连接螺旋，使连接牢固。

(2) 水准仪在读数前，必须使长气泡严格居中。

(3) 瞄准目标时，必须消除视差。

(4) 实验结束后，对观测记录表进行检核和计算，在附表 5－2“高差误差配赋表”中进行成果计算后，与附录表 5－1 同时上交。

实验六　DJ6 级光学经纬仪的认识及使用

一、目的和要求

（1）了解 DJ6 级光学经纬仪的基本构造及主要部件的名称和作用。

（2）掌握经纬仪的基本操作方法——对中、整平、瞄准、读数。

（3）练习水平角测量方法。

二、计划和设备

（1）实验安排 2 学时。实验小组由 3 人组成，轮流操作仪器和做读数记录。

（2）实验设备为 DJ6 级光学经纬仪 1 台，记录板 1 块。

三、方法和步骤

1. 认识 DJ6 级光学经纬仪的构造和各部件的名称

图 6－1 为 DJ6 级光学经纬仪的外形及部件名称。

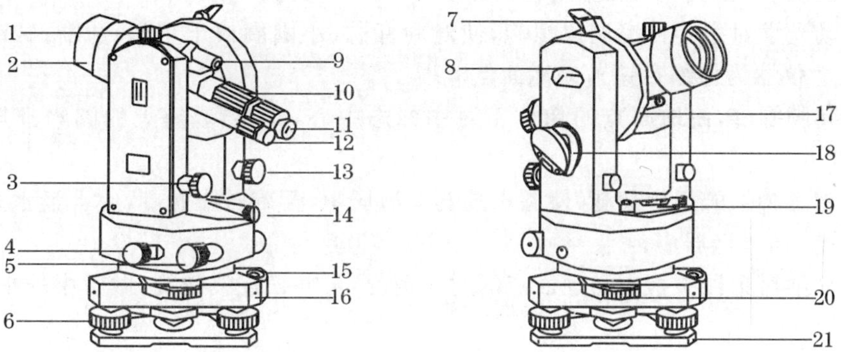

图 6－1　DJ6 级光学经纬仪

1. 望远镜制动螺旋；2. 望远镜物镜；3. 望远镜微动螺旋；4. 水平制动螺旋；5. 水平微动螺旋；6. 脚螺旋；7. 竖盘水准观察镜；8. 竖盘水准管；9. 瞄准器；10. 物镜调焦环；11. 望远镜目镜；12. 度盘读数镜；13. 竖盘水准管微动螺旋；14. 光学对中器；15. 圆水准器；16. 基座；17. 竖直度盘；18. 度盘照明镜；19. 平盘水准管；20. 水平度盘位置变换轮；21. 基座底板

2. 经纬仪的安置和水平角观测的操作

在指定的地面点上安置经纬仪作为测站点，瞄准测钎或觇牌，作水平角观测的读数练习。

（1）对中

经纬仪的对中是把仪器的中心安置在通过测站点的铅垂线上。有用垂球对中和用光学对中器对中两种方法。本实验先练习垂球对中。

垂球对中:张开三脚架,在连接螺旋的中心钩上挂上垂球(图 6-2),平移三脚架,使垂球尖大致对准测站点,并保持三脚架架头大致水平,踩紧三脚架架腿。从仪器箱中取出经纬仪,双手放到三脚架架头上,一手握仪器支架,一手旋上连接螺旋(稍松),在架头上平移仪器,使垂球尖精确对准地面点标志中心,误差在 2 mm 以内,最后旋紧连接螺旋。

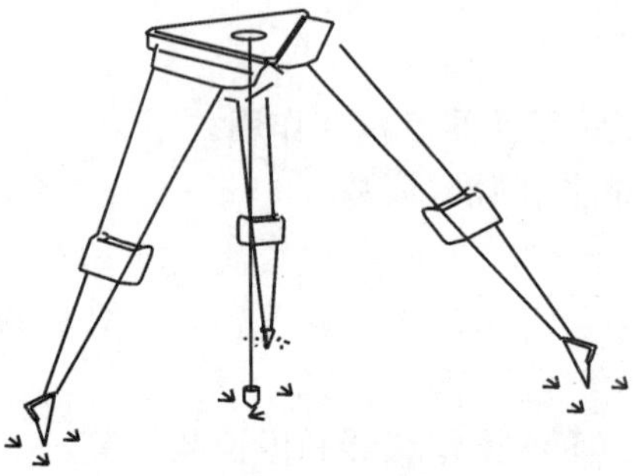

图 6-2　垂球对中

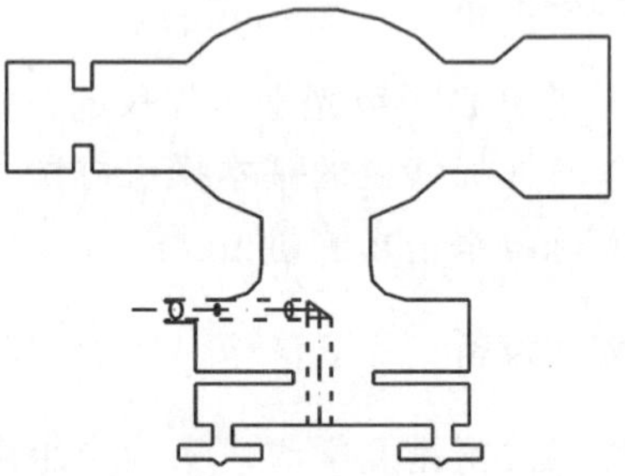

图 6-3　光学对中

光学对中:用光学对中器对中(光学对中)。光学对中器是装在照准部的一个小望远镜,光路中装有直角棱镜,使通过仪器纵轴中心的光轴由铅垂方向折成水平方向,便于观察对中情况,如图 6-3 所示。光学对中的步骤如下:

① 三脚架头大致水平,目估初步对中。

② 转动光学对中器目镜调焦螺旋,使对中标志(小圆圈或十字丝)清晰;转动物镜调焦螺旋(对某些仪器为伸缩目镜),使地面点清晰。

③ 旋转脚螺旋,使地面点的像位于对中标志中心,此时,基座上的圆水准器气泡已不居中。

④ 伸缩三脚架的相应架腿,使圆水准器气泡居中,再旋转脚螺旋,使平盘水准管在相互垂直的两个方向气泡居中。

⑤ 从光学对中器中检查与地面点的对中情况,可略松连接螺旋,做微小的平移,使对中误差小于 1 mm。

(2) 整平

经纬仪的基座上有圆水准器,照准部上有平盘水准管,因此,经纬仪的整平也分下列两步实现。

① 粗平基座:根据圆水准器气泡偏离中央的情况,按"左手拇指规则"转动脚螺旋,使气泡居中(与水准仪的粗平相同)。

② 精平照准部:转动照准部,使平盘水准管与一对脚螺旋平行(图 6-4(a)),设气泡偏离如图示,按图示方向(左手拇指规则)转动这些脚螺旋,使气泡居中;将照准部旋转约 90°(图 6-4(b)),仍按左手拇指规则旋转另一脚螺旋使气泡居中。以上步骤反复 1～2 次,使照准部转到任何位置

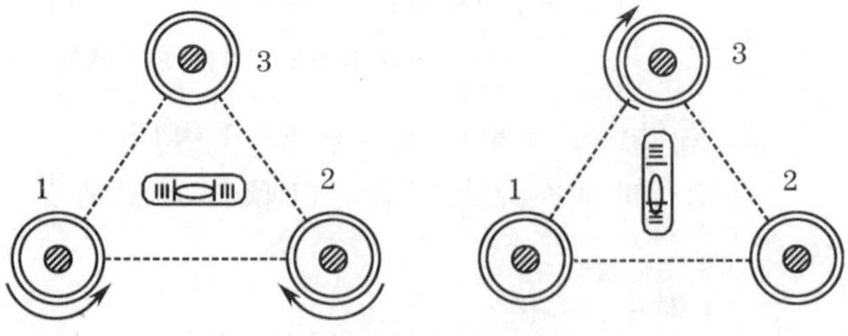

(a)　　(b)

图 6-4　仪器整平

时水准管气泡的偏离不超过1格。

（3）瞄准

松开照准部上的水平制动螺旋，用望远镜上的瞄准器对准目标（测钎或觇牌）使位于望远镜的视场内，旋紧望远镜制动螺旋和水平制动螺旋。目镜调焦，使十字丝清晰；物镜调焦，使目标像清晰；消除视差（与水准仪操作相同）。旋转望远镜微动螺旋，使目标像的高低适中；旋转水平微动螺旋，使目标像被十字丝的单根纵丝平分，或被两根纵丝夹在中央，完成水平方向的瞄准。

（4）读数

调整度盘照明镜的位置，使读数窗亮度适当；旋转度盘读数镜的目镜，使度盘分划清晰。DJ6级光学经纬仪一般采用测微尺读数，如图6-5所示。有两个读数窗口，标明"水平"为水平度盘读数（215°01′48″）；标明"竖直"为垂直度盘读数（65°55′18″）。度盘的测微尺读数估读至0.′1，并化为秒数。

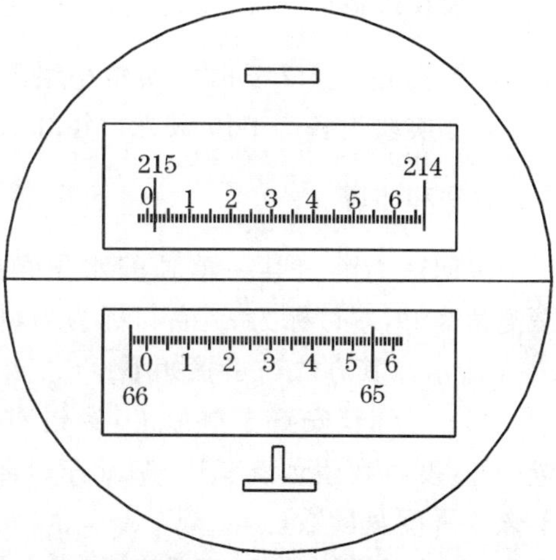

图6-5　DJ6级光学经纬仪读数窗

（5）其他练习

盘左盘右进行观测的练习：松开望远镜制动螺旋，将望远镜从盘左转为盘右（或相反），进行瞄准目标和读数的练习。

改变水平度盘位置的练习：旋紧水平制动螺旋，打开保护盖，转动水平度盘位置变换轮，从度盘读数镜中观察水平度盘读数的变化情况，并对准某一整数度数，例如00°00′00″、90°00′00″等，最后盖好保护盖。

水平度盘读数练习记入附录表6-1"DJ6级光学经纬仪的认识及使用"中。

四、注意事项

（1）经纬仪对中时，应使三脚架架头大致水平，否则会导致仪器整平困难。

（2）经纬仪整平时，应检查各个方向平盘水准管气泡的居中情况，其偏差应在规定范围以内。

（3）用望远镜瞄准目标时，必须消除视差。

（4）用测微尺进行度盘读数时，可估读至0.1′，估读必须准确。

（5）水平度盘读数练习的记录作为实验成果上交。

实验七　测回法水平角观测

一、目的和要求

掌握用 DJ6 级经纬仪进行测回法水平角的观测顺序、记录和计算方法。

二、计划和设备

(1) 实验安排 2 学时。实验小组由 3 人组成，轮流观测和记录。

(2) 实验设备为 DJ6 级光学经纬仪 1 台，记录板 1 块，测钎 2 支。

三、方法和步骤

测回法为测定某一单独的水平角的最常用的方法。设测站为 O，左目标为 A，右目标为 B，测定水平角 β，如图 7－1 所示。其方法与步骤如下：

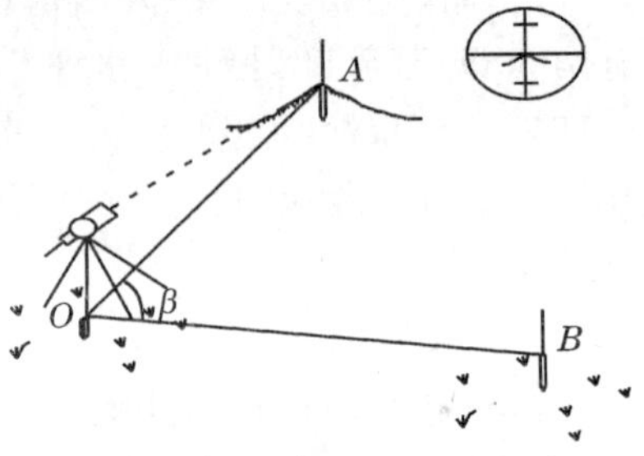

图 7－1　测回法观测水平角

(1) 经纬仪安置于测站 O，经过对中和整平，盘左位置（垂直度盘在望远镜左边）瞄准左目标 A，得读数 $a_{左}$，记下该水平度盘读数；

(2) 松开照准部制动螺旋，瞄准右目标 B，得读数 $b_{左}$，记下该水平度盘读数；

(3) 计算盘左位置半测回测得的水平角值：

$$\beta_{左}=b_{左}-a_{左}$$

(4) 倒转望远镜成盘右位置（垂直度盘在望远镜右边），瞄准右目标 B，得读数 $b_{右}$，记下该水平度盘读数；

(5) 瞄准左目标 A，得读数 $a_{右}$，记下该水平度盘读数；

(6) 计算盘右位置半测回测得的水平角值：

$$\beta_{右}=b_{右}-a_{右}$$

(7) 如果 $\beta_{左}$ 与 $\beta_{右}$ 的差值不大于 $40''$，则取其平均值作为一个全测回（简称一测回）的水平角值：

$$\beta=\frac{1}{2}(\beta_{左}+\beta_{右})$$

(8) 该角进行第二个测回时，盘左瞄准左目标后，用水平度盘位置变换轮，改变度盘读数约 90°，然后再进行精确读数。观测时，每一水平度盘读数均当场记入附录表 7－1“测回法观测水平角记录”中，并当场计算半测回角值和平均角值。

四、注意事项

(1) 安置经纬仪时，与地面点的对中误差应小于 2 mm。

(2) 瞄准目标时，应尽量瞄准目标底部，以减少由于目标倾斜而引起水平角观测误差。

(3) 观测过程中，若发现平盘水准管气泡偏移超过 2 格时，应重新整平仪器，并重测该测回。

(4) 每人至少应独立进行一测回的水平角观测，并以该测回的观测和计算成果上交。

实验八　DJ2 级光学经纬仪的认识及使用

一、目的和要求

（1）认识 DJ2 级光学经纬仪的基本构造及主要部件的名称和作用。

（2）掌握 DJ2 级光学经纬仪的操作方法和度盘读数方法。

二、计划和设备

（1）实验安排 2 学时。实验小组由 3 人组成，轮流操作仪器和做记录。

（2）实验设备为 DJ2 级光学经纬仪 1 台，记录板 1 块。

三、方法和步骤

1. 认识 DJ2 级光学经纬仪的构造和各部件的名称

图 8－1 所示为 J2-1 型光学经纬仪，它属于 DJ2 级经纬仪。

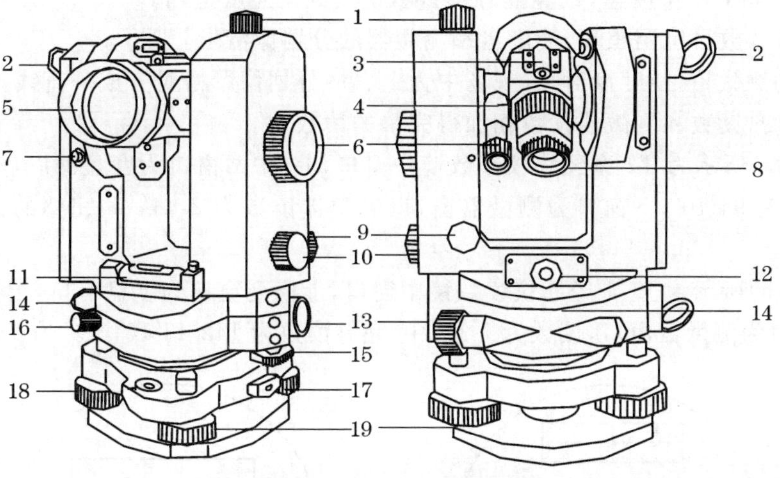

图 8－1　J2-1 型光学经纬仪

1. 望远镜制动螺旋；2. 竖直度盘照明镜；3. 瞄准器；4. 读数目镜；5. 望远镜物镜；6. 测微轮；7. 补偿器按钮；8. 望远镜目镜；9. 望远镜微动螺旋；10. 度盘换像轮；11. 平盘水准管；12. 光学对中器；13. 水平微动螺旋；14. 水平度盘照明镜；15. 水平度盘位置变换轮；16. 水平制动螺旋；17. 仪器锁定钮；18. 基座圆水准器；19. 脚螺旋

2. DJ2 级经纬仪的安置

DJ2 级经纬仪一般要用光学对中器对地面点进行对中。光学对中器的视线铅垂有赖于仪器的整平，因此，对中和整平是同时进行的。三脚架放于地面点位的上方，将光学对中器的目镜调焦，使分划板上的小圆圈清晰，再拉伸对中器镜管，使能同时看清地面点和目镜中的小圆圈；踩紧操作者对面的一只三脚架架腿，用双手将其他两只脚略为提起，目视对中器目镜，移动两架腿，使镜中小圆圈对准地面点，将两脚轻轻放下，并踩紧，镜中小圆圈与地面点若略有偏离，则可旋转螺旋使其重新对准；然后伸缩三脚架的架腿，使基座上的圆水准气泡居中，这样，初步完成了仪器的对中和粗平；整平平盘水准管气泡，再观察对中器目镜，此时，如果小圆圈与地面点又有偏离，则可略松连接螺旋，平移基座使其对中，再旋紧连接螺旋。

3. DJ2 级经纬仪的瞄准

DJ2 级经纬仪的瞄准方法与 DJ6 级经纬仪的瞄准方法相同，瞄准前的重要一步是消除视差。目镜调焦使十字丝调至最清晰的方法是，将望远镜对向天空或白色的墙壁，使背景明亮，增加与十字丝的反差，以便于判断清晰的程度；对于物镜调焦，也应选择一个最清晰的目标来进行。瞄准目标时，应仔细判断目标相对于纵丝的对称性。

4. DJ2 级经纬仪的读数

DJ2 级经纬仪的读数有两个特点：一是利用光楔测微，将度盘对径度盘直径的两端分划像折射到同一视场中，成上、下两排，测微器可使上、下分划对齐，读取度盘读数，再加测微器读数；二是水平度盘和垂直度盘利用换像轮使其分别在视场中出现。具体的度盘读数方法如下：

(1) 转动换像轮，使轮上线条水平，则读数目镜中出现水平度盘像（轮上线条竖直，则为垂直度盘像），调节水平度盘（或竖盘）照明镜，使读数镜亮度适当。

(2) 调节读数目镜调焦环，使度盘和测微器的分划像清晰。

(3) 转动测微轮，使度盘对径（视场中为上、下）分划像严格对齐成一直线。

(4) 读度盘读数和测微器读数相加得完整的读数。

图 8-2(a)所示为 T2 型经纬仪读数镜中窗口，上、中两窗口为度盘窗口，对径分划已对齐，度盘读数为 94°10′，下窗口为测微器窗口，测微器读数为 2′44″.7，完整的读数为 94°12′44″.7。

图 8-2(b)所示为 J2-1 经纬仪读数镜中窗口，上横列窗口为度盘窗口，读数为 142°40′，左侧竖列窗口为测微器窗口，读数为 7′16″.0，完整读数为 142°47′16″.0。

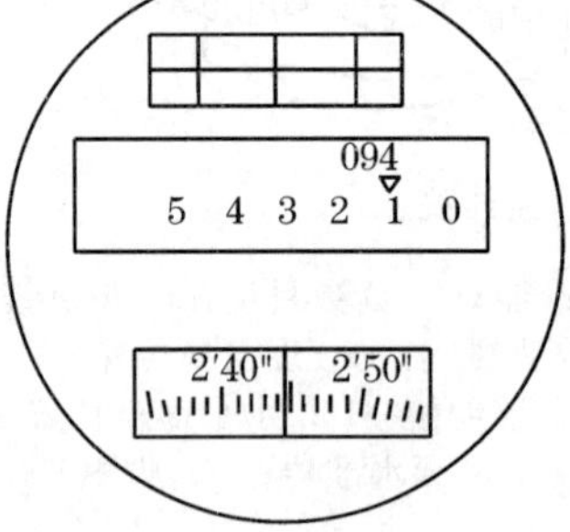

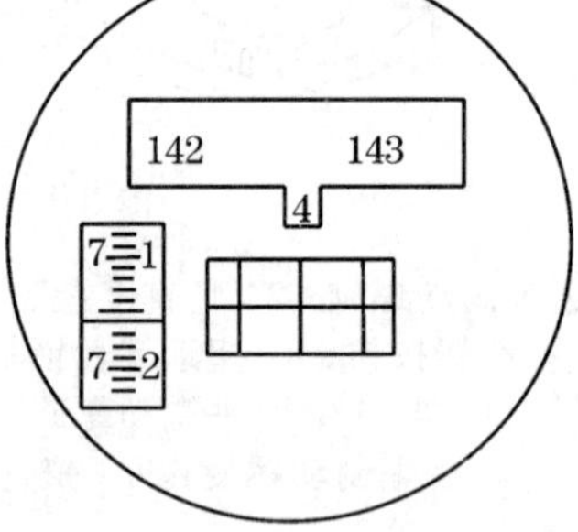

图 8-2　经纬仪读数窗

四、注意事项

（1）每人必须独立进行 DJ2 级经纬仪的光学对中、整平、瞄准、读数一整套完整的操作，读数包括水平度盘的读数和垂直度盘的读数。对于每一瞄准目标，应在盘左和盘右观测。

（2）垂直度盘读数前，应检查一下垂直度盘指标自动归零补偿器是否正常工作：注视读数镜，按一下支架上的补偿器按钮，此时，垂直度盘刻划线略有摆动，然后又回复稳定在初始位置，则补偿器工作正常。

（3）水平度盘和垂直度盘的读数应记录于附录表 8－1“DJ2 级光学经纬仪的认识及使用”中，作为实验成果上交。

实验九　方向观测法水平角观测

一、目的和要求

掌握用 DJ6 或 DJ2 级光学经纬仪进行方向观测法水平角观测的操作、记录、计算和各项限差的检核。

二、计划和设备

(1) 实验安排 2 学时。实验小组由 3 人组成，轮流操作仪器和做记录。

(2) 实验设备为 DJ6 或 DJ2 级光学经纬仪 1 台，记录板 1 块。

三、方法和步骤

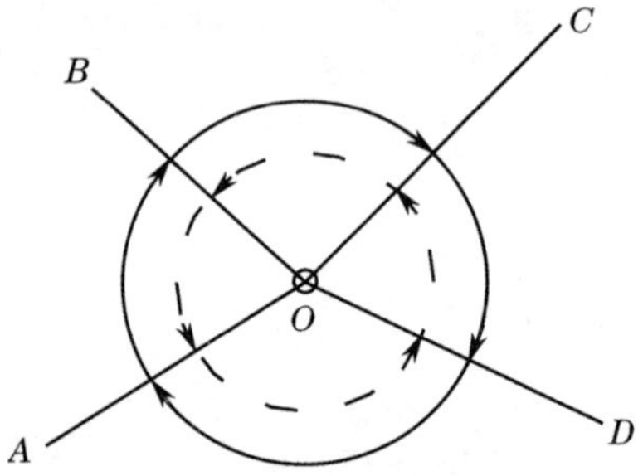

图 9-1　方向法观测水平方向

方向观测法为观测 3 个以上目标的水平角观测方法，观测方法如图 9-1 所示。设测站为 O，需要观测 4 个目标 A、B、C、D 的水平方向值。其方法和步骤如下：

1. 经纬仪盘左位置

(1)大致瞄准目标 A，旋转水平度盘位置变换轮，使水平度盘读数置于 0°附近，精确瞄准目标 A，水平度盘读数为 a_1。

(2)顺时针旋转照准部，依次瞄准 B、C、D，得到相应的水平度盘读数 b、c、d。

(3)继续顺时针方向旋转照准部，再次瞄准目标 A，水平度盘读数为 a_2；读数 a_1 与 a_2 之差称为"半测回归零差"。对于 DJ6 级经纬仪，半测回归零差允许为 18″。若在允许范围内，取 a_1 和 a_2 的平均数。

2. 经纬仪盘右位置

(1) 倒转望远镜成盘右位置，逆时针方向转动照准部，瞄准目标 A，得水平度盘读数 a_1'。

(2) 继续逆时针方向转动照准部，依次瞄准目标 D、C、B，得相应的读数 d'、c'、b'。

(3) 继续逆时针方向旋转照准部，再次瞄准目标 A，得读数 a_2'；a_1' 与 a_2' 之差为盘右半测回的归零差，其限差规定同盘左，若在允许范围内，则取其平均值。

以上完成方向观测法一个测回的观测。

当测角精度要求较高时，往往需要观测几个测回。为了减小度盘分划误差的影响，各测回间要按 $180°/n$ 变动水平度盘的起始位置。

方向观测法的技术要求见表 9-1 的规定。当水平角观测误差不符合表中规定的要求时，应在原来的度盘位置上进行重测。

表 9-1　方向观测法的各项限差

经纬仪级别	半测回归零差 ″	一测回内 2C 值变化范围 ″	同一方向值各测回互差 ″
DJ2	8	13	9
DJ6	18	—	24

四、注意事项

(1) 应选择远近适中、易于瞄准的清晰目标作为第一目标(起始方向)。

(2) 每人应独立观测一个测回,测回间应变换水平度盘位置。

(3) 经过检核计算后的附录表 9-1“方向观测法水平角观测记录”作为实验成果上交。

实验十　竖直角观测和竖盘指标差检校

一、目的和要求

（1）了解经纬仪竖直度盘的构造、注记形式、竖盘指标差与竖盘水准管之间的关系。

（2）掌握竖直角观测、记录、计算及竖盘指标差的检验和校正方法。

二、计划和设备

（1）实验安排 2 学时，实验小组由 3 人组成，轮流操作仪器、做记录及计算。

（2）实验设备为 DJ6 级光学经纬仪 1 台，记录板 1 块，校正针 1 支。

三、方法和步骤

1. 竖直角观测和指标差计算

（1）在指定地面点上安置经纬仪，进行对中、整平，转动望远镜，从读数镜中观察竖直度盘读数的变化，确定竖盘的注记形式，并在记录表中写出竖直角及竖盘指标差的计算公式。

（2）选定某一觇牌或其他明显标志作为目标。盘左，瞄准目标(用十字丝中横丝切于目标顶部或平分目标)，转动竖盘水准管微动螺旋，使竖盘水准管气泡居中后，读取竖直度盘读数，用竖盘公式计算盘左半测回竖直角值 $\alpha_{左}$。

（3）盘右，作同样的观测、记录和计算，得盘右半测回竖直角值 $\alpha_{右}$。

（4）按下式计算指标差 x 及一测回竖直角 α：

$$x=\frac{1}{2}(\alpha_{左}-\alpha_{右})$$

$$\alpha=\frac{1}{2}(\alpha_{左}+\alpha_{右})$$

（5）每人应至少向同一目标观测两测回，或向两个不同目标各观测一测回，指标差对某一仪器应为一常数，因此，各次测得指标差互差不应大于 $\pm 25''$。

2. 指标差的检验与校正

（1）检验各测回观测算得指标差互差是否超限，剔除离群值，取其平均数，作为该仪器的竖盘指标差 $\bar{x}$。如果 $\bar{x}$ 的绝对值大于 $60''$，则需要进行指标差的校正。

（2）指标差的校正方法如下：以盘右瞄准原目标，转动竖盘水准管微动螺旋，将原垂直度盘读数调整到指标差校正后的读数(原读数加或减指标差)，拨动竖盘水准管校正螺丝，使气泡居中。反复检校，直至指标差小于规定的数值时为止。

（3）对于有竖盘指标自动归零补偿器的经纬仪，仍会有指标差存在。检验计算方法同上。算得盘左或盘右经指标差改正的读数后，校正的方法如下：打开校正小窗口的盖板，有两个校正螺丝，等量相反转动(先松后紧)两螺丝，可以使竖盘读数调整至经指标差改正后的读数。

四、注意事项

(1) 进行竖直角观测瞄准目标时，横丝应通过目标的几何中心(如觇牌)或切于目标的顶部(如标杆)；每次竖直度盘读数前，应使竖盘水准管气泡居中。

(2) 计算竖直角和指标差时，应注意正、负号。

(3) 竖直角观测和竖盘指标差计算应记录于附录表 10－1“竖直角观测记录”中，作为实验成果上交。

实验十一　经纬仪的检验及校正

一、目的和要求

（1）了解经纬仪的主要轴线间应满足的几何条件。

（2）掌握光学经纬仪检验、校正的基本方法。

二、计划和设备

（1）实验安排 2 学时，实验小组由 3 人组成。

（2）实验设备为 DJ6 级光学经纬仪 1 台，记录板 1 块，校正针 1 支，小螺丝刀 1 把。

三、方法和步骤

1. 了解经纬仪检验校正的原理和方法

根据水平角和竖直角观测的原理，经纬仪的主要轴线(图 11－1)间应满足下列条件：

①照准部水准管轴垂直于纵轴($LL_1 \perp VV_1$)；②十字丝纵丝垂直于横轴 HH_1；③视准轴垂直于横轴($CC_1 \perp HH_1$)；④横轴垂直于纵轴($HH_1 \perp VV_1$)；⑤圆水准器轴平行于纵轴($VV_1 /\!/ L'L'_1$)。

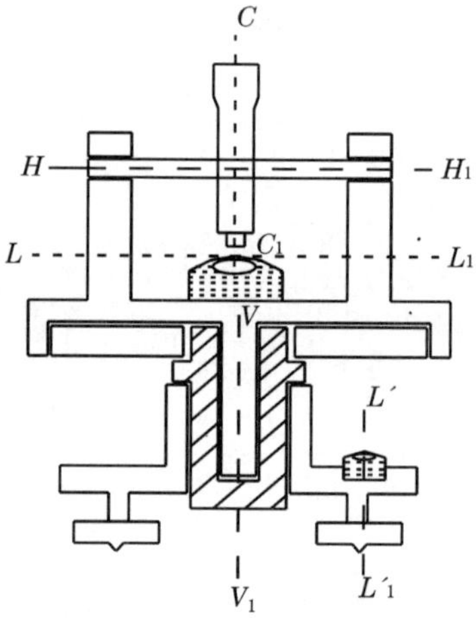

图 11－1　经纬仪的轴线

2. 经纬仪检验与校正

（1）照准部水准管轴垂直于纵轴的检验和校正

初步整平仪器，转动照准部使平盘水准管平行于一对脚螺旋，转动这对脚螺旋使气泡严格居中；再将照准部旋转 180°，如果气泡仍然居中，则说明平盘水准管轴垂直于纵轴，否则需要校正。

校正时，拨动水准管校正螺丝，使气泡返回偏移量的一半。反复检校，直至水准管旋转至任何位置时水准管气泡偏移量都在一分划格以内时为止。

（2）圆水准器轴平行于纵轴的检验和校正

经过平盘水准管轴垂直于纵轴的检验和校正以后，用平盘水准管严格整平仪器，此时，纵轴已经铅垂，安装在基座上的圆水准器气泡应该居中，否则需要进行校正。需要校正时，可以用校正针转动圆水准底部的校正螺旋，使圆水准器气泡居中。

（3）十字丝竖丝垂直于横轴的检验和校正

用望远镜中十字丝交点瞄准墙上一小点 P，旋转望远镜微动螺旋，使竖丝上、下移动，如果 P 点始终不离开竖丝，则说明竖丝垂直于横轴，否则(图 11－2(a))需要校正。

校正时，旋下十字丝环护罩，用小螺丝刀松开十字丝外环的 4 个固定螺丝(图 11－2(b))，转动十字丝环，使望远镜上、下微动时，P 点始终在竖丝上移动时为止，最后旋紧十字丝外环固定螺丝。

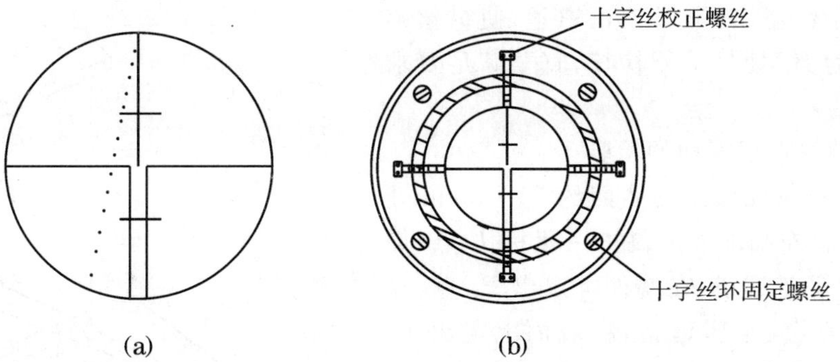

图 11－2　十字丝的检验与校正

(4) 视准轴垂直于横轴的检验和校正

① 方法一

盘左瞄准远处大致与仪器同高的目标 A，读取水平度盘读数 $\alpha_{左}$；再盘右瞄准目标 A，读取水平度盘读数 $\alpha_{右}$，若

$$\alpha_{右}=\alpha_{左}\pm180°$$

则说明视准轴垂直于横轴，否则需要校正。

校正时，先计算盘右瞄准目标 A 时的应有读数：

$$\alpha'_{右}=\frac{1}{2}[\alpha_{右}+(\alpha_{左}\pm180°)]$$

转动水平微动螺旋，使水平度盘读数为 $\alpha'_{右}$，再拨动十字丝左、右一对校正螺丝，使十字丝纵丝瞄准目标 A。如此反复检校，直至盘左、盘右读数加减 180°后的差数(2c 值)小于 60″时为止。最后旋上十字丝环护罩。

② 方法二

在平坦场地选择相距约 100 m 的 A、B 两点，如图 11－3 所示，置经纬仪于 A、B 连线的中点 O。在 A 点放一大致与经纬仪同高的觇牌；在 B 点大致与经纬仪同高处水平地放一分划尺，方向与 OB 垂直。盘左瞄准 A 点觇牌(水平制动螺旋应制紧)，倒转望远镜，在 B 点尺上读数为 B_1；盘右用同样方法，在尺上读数为 B_2。若 $B_1=B_2$，则说明视准轴垂直于横轴，否则需要校正。

校正前，先计算视准轴与横轴垂直时盘左在 B 尺上的应有读数：

$$B_3=B_1+\frac{3}{4}(B_2-B_1)$$

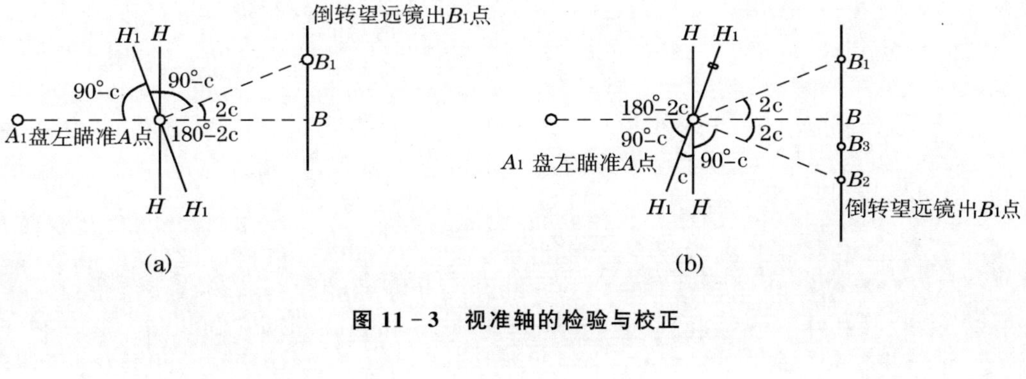

图 11－3　视准轴的检验与校正

拨动十字丝左、右一对校正螺丝，使纵丝瞄准尺上读数为 B_3 处。反复检校，直至满足要求为止。

(5) 横轴垂直于纵轴的检验

如图 11－4 所示，在离墙面约 15～30 m 处安置经纬仪，盘左瞄准墙上高处一目标 P 点(仰角约 30°)，放平望远镜，在墙面上定出 P_1 点；盘右再瞄准 P 点，放平望远镜，在墙面上定出 P_2 点。若 P_1、P_2 重合，则横轴垂直于纵轴；若 A、B 相距大于 5 mm，则需要校正。

由于横轴校正设备密封在仪器内部，因此该项校正应由仪器维修人员进行。

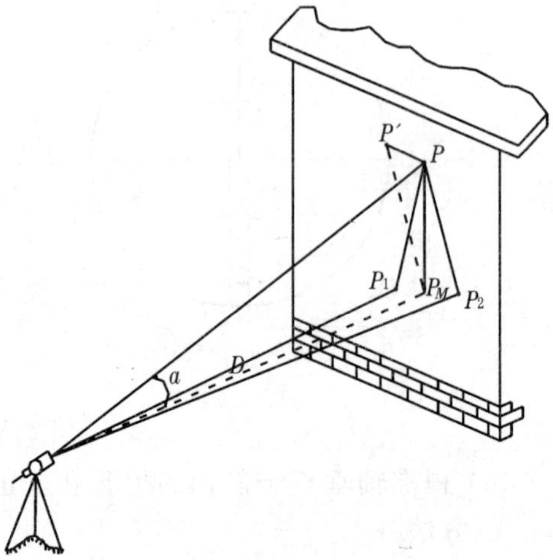

图 11－4 横轴的检验与校正

四、注意事项

(1) 按实验步骤进行各项检验校正，顺序不能颠倒，检验数据正确无误才能进行校正。校正结束时，各校正螺丝应处于稍紧状态。

(2) 选择仪器的安置位置时，应顾及视准轴和横轴两项检验，既能看到远处水平目标，又能看到墙上高处目标。

(3) 实验结束时，应上交附录表 11－1"经纬仪的检验及校正"。

实验十二　电子经纬仪的认识及使用

一、目的和要求

（1）了解 5″级电子经纬仪的基本构造及主要部件的名称和作用。

（2）掌握电子经纬仪的基本操作方法。

二、计划和设备

（1）实验安排 2 学时。实验小组由 3 人组成，轮流操作仪器和做读数记录。

（2）实验设备为 5″级电子经纬仪 1 台，记录板 1 块。

三、方法和步骤

1. 认识 5″级电子经纬仪的构造和各部件的名称

图 12－1 所示为苏州一光仪器有限公司生产的 DT200 系列 5″级电子经纬仪。

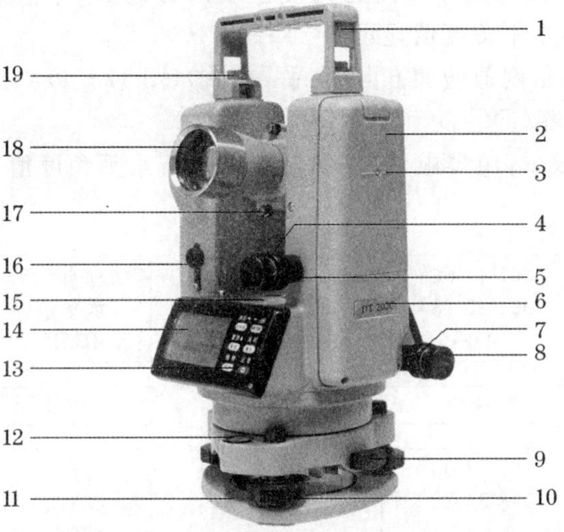

图 12－1　DT200 系列电子经纬仪的外形

1—提手；2—电池；3—仪器中心；4—垂直微动螺旋；5—垂直制动螺旋；6—仪器型号；7—水平制动螺旋；8—水平微动螺旋；9—基座锁紧钮；10—基座脚螺旋；11—基座；12—圆水准器；13—按键；14—显示屏；15—长水准器；16—测距仪通信接口；17—望远镜粗瞄准器；18—望远镜物镜；19—提手紧固螺旋

2. DT205D 电子经纬仪的基本操作

（1）开机（[⏻]）

按住 [⏻] 键，所有字段点亮；释放 [⏻] 键后，仪器电源打开，进入初始化界面；上下转动望远镜，然后使仪器水平盘转动 1 周，仪器初始化；并自动显示水平度盘角度、竖直度盘角度以及电池容量信息(图 12－21)(如果水平盘设置成相对角度测量方式,则不需要转动水平盘初始化)。

(2) 关机([①])

按住[①]键,蜂鸣器响,待约 1 秒后,仪器液晶显示屏上显示“OFF”。释放[①]键,仪器关机(图 12－3)。

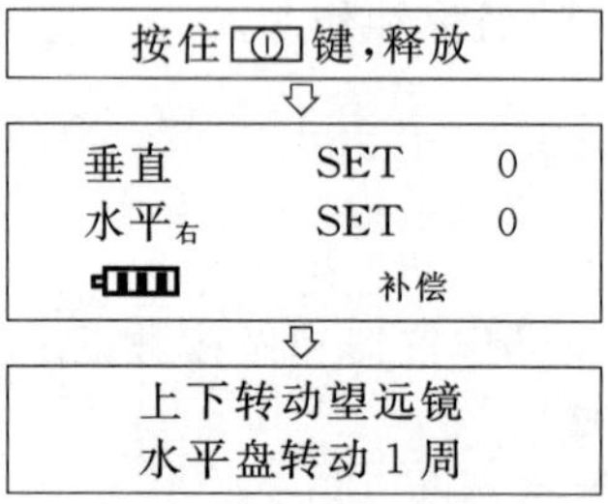

图 12－2 开机流程图

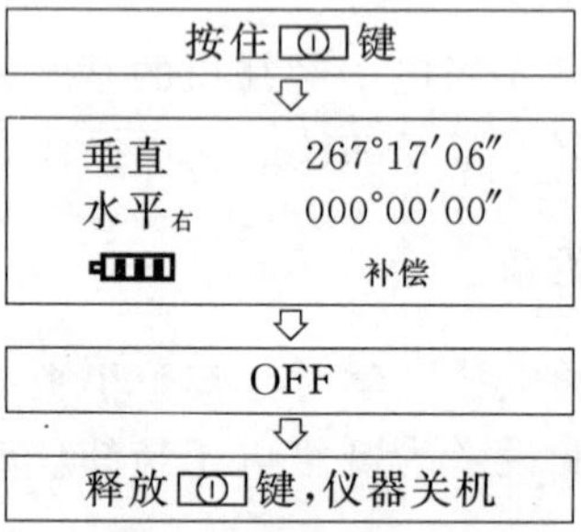

图 12－3 关机流程图

(3) 角度值增加方向转换([左⇆右])

仪器每次开机并初始化后,显示屏水平角度值显示为“水平右:×××°××′××″”,表示水平角度值以顺时针转动仪器方向为角度值增加方向(水平右模式);按住[左⇆右]键并释放,蜂鸣器响,则显示屏水平角度值显示为“水平左:×××°××′××″”,表示水平角度值以逆时针转动仪器方向为角度值增加方向(水平左模式)(图 12－4)。

(4) 水平角度值置零([置0])

按下[置0]键并释放,蜂鸣器响,仪器显示屏第三行水平角度值显示变化为 000° 00′00″(图 12－5)。

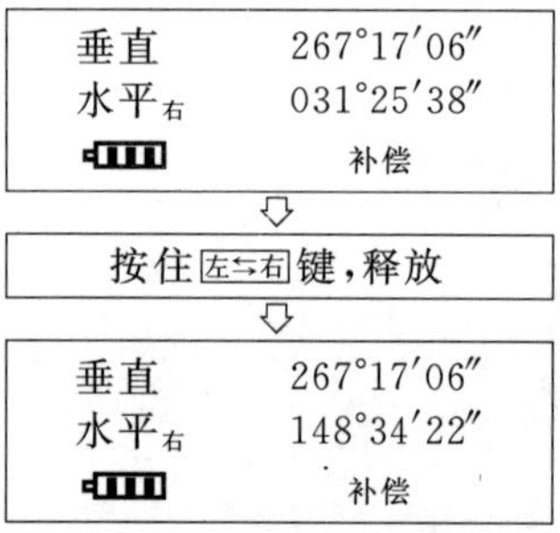

图 12－4 角度值增加方向改变流程

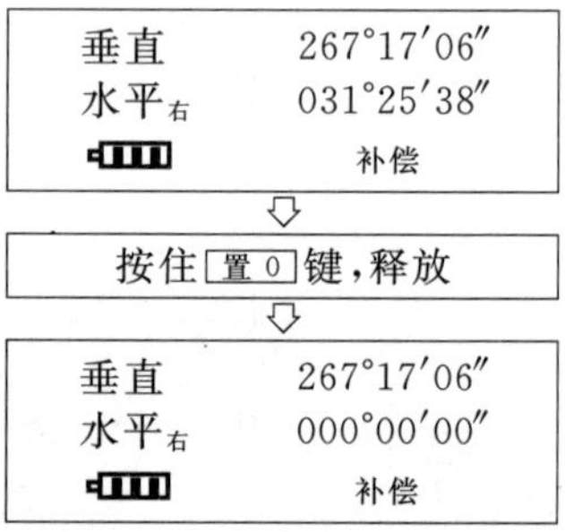

图 12－5 水平角度值置零流程

(5) 垂直角度模式转换([角度/斜坡])

① 天顶距模式

仪器开机并初始化后,垂直角测量模式自动为天顶距模式(显示角度值范围为 0°～360°,天顶为 0°);第二行显示“垂直 292°33′10″”。

② 坡度模式

在天顶距模式状态,按[角度/斜坡]键并释放,仪器蜂鸣器响,垂直角测量模式转换为坡度模式,第二行显示为“垂直 41.52%”;显示坡度值范围为－100%～＋100%,水平方向为 0,相应的角度值范围为－45°～＋45°,如果超出范围,则显示超出范围(“垂直 8.888 888%”)(图

12－6)。在坡度模式状态,按[角度/斜度]键并释放一次,则恢复到天顶距模式状态。

(6) 水平角度值锁定及任意角度设置([锁定])

① 水平角度值锁定

按住[锁定]键并释放,蜂鸣器响,显示屏显示“锁定”,如图 12－7 所示。此时转动仪器,水平角度保持不变;再按住[锁定]键并释放,则恢复原状态,水平角度值随仪器转动而变化。

② 水平角度值任意设置

转动水平微动手轮,直至仪器显示屏显示所需要的水平角度值,按住[锁定]键并释放,则该角度值被锁定并显示锁定信息“锁定”;转动仪器并用望远镜瞄准目标,再按住[锁定]并释放,则角度值不再锁定,并可进行下一步测量工作。

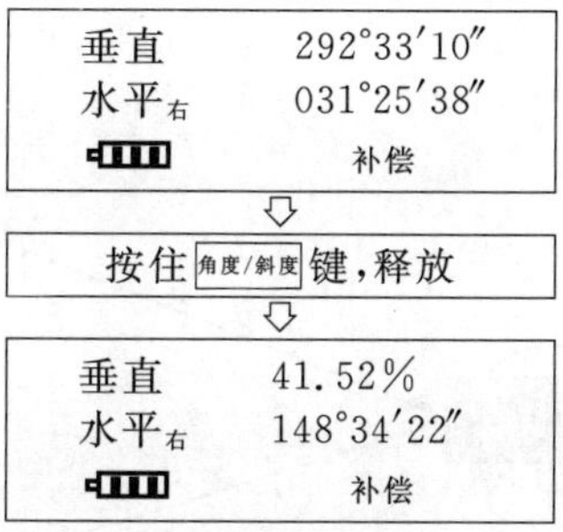

图 12－6　垂直角模式转换流程

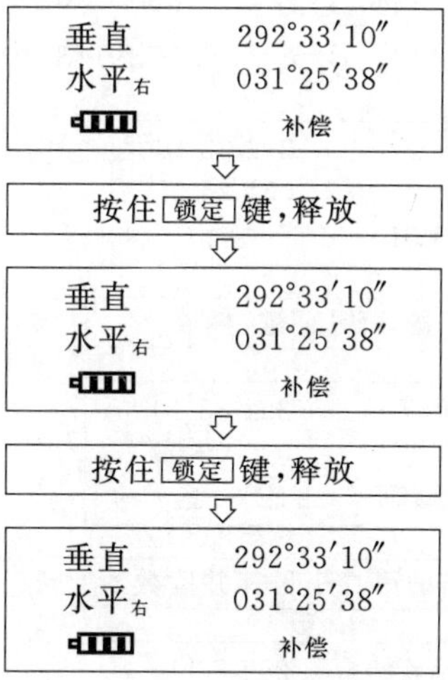

图 12－7　水平角模式转换流程

(7) 进入切换状态([切换])

在仪器功能键中,所有键均为双功能键。在按键上印刷的为该键的第一功能,在该键上方面板上用白字印刷的为第二功能,正常状态下该键为第一功能,切换状态下为第二功能。

按住[切换]键并释放,蜂鸣器响,显示屏显示“切换”,如图 12－8 所示。仪器进入切换状态。

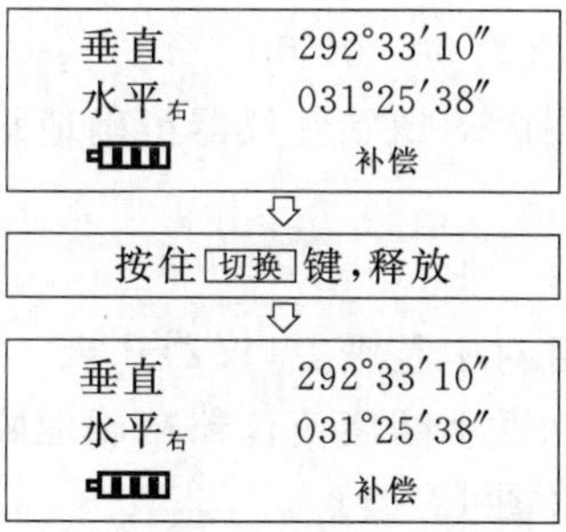

图 12－8　按键功能模式切换流程

(8) 照明打开/关闭([切换])

进入切换状态,按住[切换]键,并马上释放,蜂鸣器响,仪器进入正常状态,液晶显示屏照明打开，望远镜分划板照明同时打开；再按并马上释放，仪器则回到切换状态，照明仍旧打开，再按并马上释放，液晶显示屏照明及望远镜分划板照明关闭，仪器回到正常状态。

3. DT205D 电子经纬仪的工作模式

(1) 水平角度测量(顺时针)

① 将仪器在站点上安装好且对中整平后，开机。

② 通过水平盘和垂直盘的制、微动螺旋使仪器精确地瞄准第一个目标 A。

③ 按[置0]键设定水平角度值为 000°00′00″(图 12－9)。

④ 通过水平盘和垂直盘的制、微动螺旋使仪器精确地瞄准第二个目标 B。

⑤ 读出仪器显示的角度(α)(图 12－10)。

第一个目标 A：置零　(000°00′00″)　水平角度(α) ＝39°43′20″

第二个目标 B　(039°43′20″)

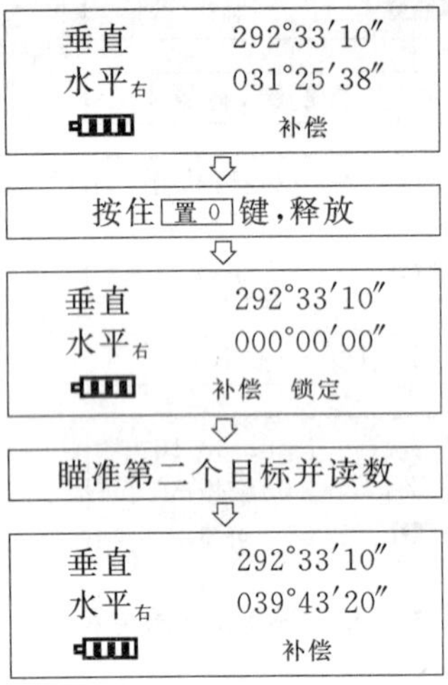

图 12－9　水平角测量流程

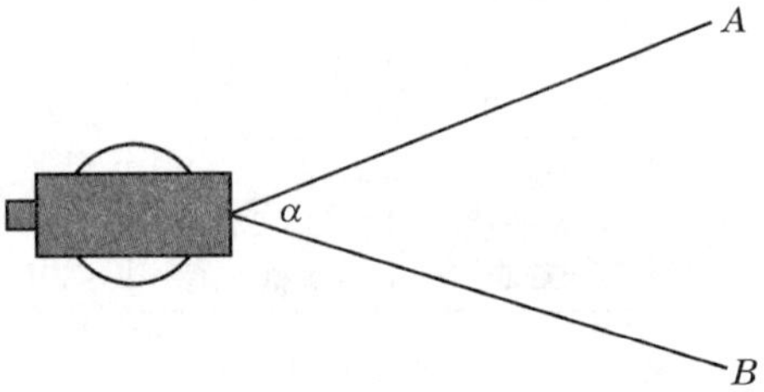

图 12－10　水平角测量示意图

(2) 水平角度测量(逆时针)

① 将仪器在站点上安装好且对中整平后，开机。

② 按[左⇆右]键使水平角度标示切换为“水平左”。

③ 通过水平盘和垂直盘的制微动螺旋使仪器精确地瞄准第一个目标 B。

④ 按[置0]键设定水平角度值为 000°00′00″。

⑤ 通过水平盘和垂直盘的制微动螺旋使仪器精确地瞄准第二个目标 A。

⑥ 读出仪器显示的角度(α)。

(3) 垂直角度测量

① 将仪器在站点上安装好且对中整平后，仪器开机。

② 通过水平盘和垂直盘的制微动螺旋使仪器精确地瞄准目标 A。

③ 读出仪器显示的角度(θ)(图 12－11)。

垂直角度(θ)＝ 67°47′06″

按[角度/斜度]可以查看坡度。

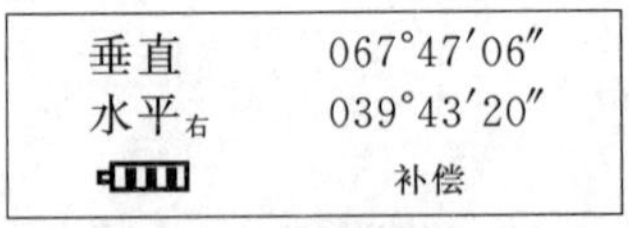

图 12－11　垂直角测量流程

(4) 重复测量

① 将仪器在站点上安装好且对中整平后，开机。

② 在按键功能处于切换状态下，按[锁定]键并马上释放，进入重复测量模式。

③ 瞄准第一个目标点 A，按[置0]键并马上释放，开始第一次重复测量。(图 12 - 12)

④ 瞄准第二个目标点 B，按[锁定]键并马上释放，仪器显示第一次测量结果。

⑤ 重新瞄准目标点 A，按[置0]键并马上释放，开始第二次重复测量。

⑥ 再次瞄准目标点 B，按[锁定]键并马上释放，仪器第二行显示两次测量的和，第三行显示两次测量的平均值，角度以右角模式显示。

⑦ 重复⑤、⑥两步骤到需要的复测次数。

注：如果几次测量的平均值变化超过 30″，则仪器显示屏第三行显示“E°0′　″”的提示。

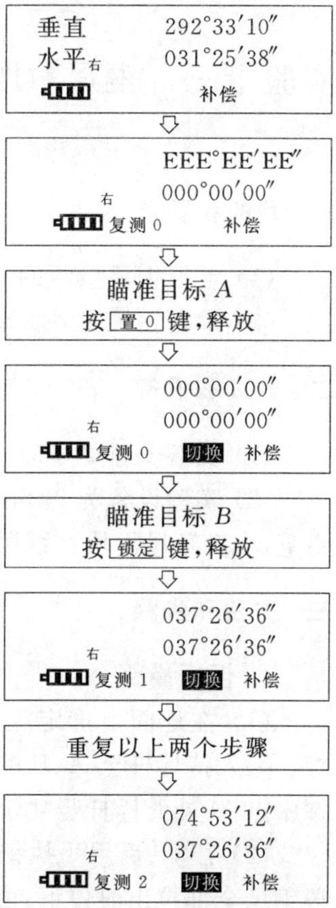

图 12 - 12　重复测量流程

四、注意事项

(1) 电子经纬仪是精密的测量仪器，应避免强烈震动和冲击，防止日晒雨淋和受潮。

(2) 将仪器从箱子中取出时应小心轻放，严禁直接放在地上。

(3) 搬运时，必须将仪器从三脚架上取下。仪器装箱时，务必先关闭电源并取下电池。

(4) 实验结束时，应上交附录表 12 - 1“电子经纬仪的认识及使用”。

实验十三　钢尺量距和钢尺检定

一、目的和要求

（1）掌握钢尺量距的一般方法。

（2）掌握钢尺室外检验的操作和计算。

二、计划和设备

（1）实验安排2学时，实验小组由4人组成。

（2）实验设备为30 m钢尺1把，测钎3～4根，标杆3支，弹簧秤1把，记录板1块，自备铅笔，小三角尺1块。钢尺检定时，比尺场上温度由实验室人员用温度计读取，各组去抄录。

三、方法和步骤

1. 钢尺量距

（1）在地面上选定相距约80 m的A、B两点，插测钎作为标志，测钎后几厘米处插标杆。一人持标杆至A、B的大致中点M，一人在A点标杆后根据A、B点标杆目视定线，指挥中点M处的标杆竖立于AB直线上。

（2）往测：后尺手执钢尺零点端对准A点，前尺手持尺及测钎向AB方向前进，至一尺段钢尺全部拉出时停下，由后尺手根据M点的标杆指挥前尺手将钢尺定向，前、后尺手拉紧钢尺，由前尺手喊“预备”，后尺手对准零点后喊“好”，前尺手在整30 m处插下测钎，完成一尺段的丈量，依次向前丈量各整尺段；到最后一段不足一尺段时为余长，后尺手对准零点后，前尺手在尺上读出B点测钎读数（读至mm）；记录者在丈量过程中在附录表13-1“钢尺量距记录”上记下整尺段数及余长，得到往测总长。

（3）返测：由B点向A点用同样方法丈量。

（4）根据往测和返测的总长计算往返差数、相对误差（平坦地区要求达到1/3 000），最后取往、返总长的平均数。

2. 钢尺检定

（1）在120 m的比尺场上，已知两端点标志之间的标准长度。钢尺作检定时在两端点之间往返丈量其长度（往返丈量一次称一测回），一般进行三测回。实验时，可进行一测回，作为练习。比尺场上每一尺段处埋有金属划线板，标明直线方向，因此，丈量时不需要进行定线。

（2）钢尺检定时的量距方法：后尺手用弹簧秤钩住尺端拉环，施加10 kg拉力，零点对准前尺手在分划板上按尺端分划用铅笔和小三角尺画线，前、后尺手提尺前进，依次丈量各尺段，最后量取余长。往返丈量的相对精度放宽要求为1/20 000（按检定要求为1/100 000）。

（3）在钢尺检定的计算：抄录比尺场的标准长度、丈量时温度，钢尺的膨胀系数取$\alpha=0.012$ mm/(m·℃)。

在附录表13-2“钢尺检定计算”中计算尺长改正并写出钢尺的尺长方程式。

四、注意事项

(1) 钢尺量距的原理简单，但在操作上容易出错，要做到三清：零点看清——尺子零点不一定在尺端，有些尺子零点前还有一段分划，必须看清；读数认清——尺上读数要认清 m、dm、cm 的注字和 mm 的分划数；尺段记清——尺段较多时，容易发生少记一个尺段的错误。

(2) 钢尺容易损坏，为维护钢尺，应做到四不：不扭，不折，不压，不拖。用毕要擦净后方可卷入尺壳内。

附录表 13－1“钢尺量距记录”和附录表 13－2“钢尺检定计算”作为实验成果上交。

实验十四　经纬仪钢尺导线测量

一、目的与要求

掌握经纬仪钢尺导线测量的布设、施测和计算方法。

二、计划与设备

(1) 实验安排 4 学时。实验小组由 4 人组成,1 人测角,2 人量距,1 人记录。

(2) 实验设备为 DJ6 级光学经纬仪 1 台, 30 m 钢尺 1 把,记录板 1 块,测伞 1 把,测钎、木桩、小钉、油漆若干。

三、方法与步骤

(1) 相邻在测区内选定由 4～5 个导线点组成的闭合导线。在选定导线点位置的地面上打下木桩,钉上小钉或用油漆标定点位并编上点号,绘出导线略图。

(2) 用钢尺往、返丈量各导线边的边长,读至毫米,取平均值。

(3) 采用测回法观测导线各转折角(内角),测一个测回。

(4) 计算:角度闭合 $f_\beta=\sum\beta-(n-2)\cdot180^\circ$ (n 为测角数),导线全长相对闭合差。外业成果合格后,内业计算各导线点坐标。

四、注意事项

(1) 相邻导线点间应互相通视,边长以 40～60 m 为宜。若边长较短,测角时应特别注意提高对中和瞄准的精度。

(2) 如无起始边方位角时,可按实地大致方位假定一个数值。起始点坐标也可假定。

(3) 限差要求为:同一边往、返测相对误差应小于 1/2 000,导线角度闭合差的限差为 $\pm60''\sqrt{n}$。n 为测角数,导线全长相对闭合差的限差为 1/2 000。超限应重测。

(4) 实验结束后,每组应提交附录表 14－1"经纬仪钢尺导线测量记录"、附录表 14－2"闭合导线计算表"和附录表 14－3"附合导线计算表"各 1 张。

实验十五 电子全站仪的使用

一、目的和要求

(1) 了解5″级或2″级电子全站仪的功能及其主要部件的名称和作用。

(2) 掌握电子全站仪的基本操作方法,并练习水平角、竖直角和距离的观测。

(3) 掌握电子全站仪各种测量工作模式的操作方法,并练习坐标测量和施工放样的点位测设。

二、计划和设备

(1) 实验安排2学时。实验小组由5～6人组成,轮流操作仪器,并做观测记录。

(2) 每个实验小组的仪器设备为5″级或2″级全站仪1台,全实验班级配备反光棱镜或反射片5～6块。

(3) 实验前,应详细阅读本实验的内容。

三、方法和步骤

由实验指导教师安置好棱镜觇牌或反射片,向各实验小组介绍全站仪的主要操作部件的作用、操作方法和注意事项。然后,各组领取全站仪在实验场地内进行仪器安置(对中、整平)、开机、参数设置、角度和距离的观测,并对观测数据在本实验规定的记录表格中做记录(附录表15-1)。

1. 电子全站仪的外部构件及名称

图15-1所示为苏州一光仪器有限公司的RTS600系列电子全站仪的外部构件及名称。

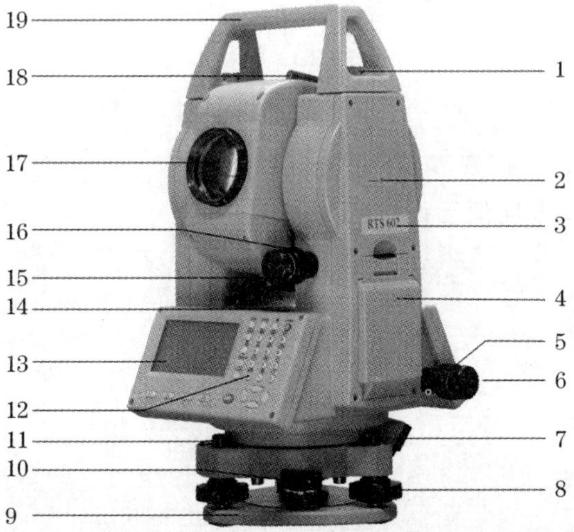

图15-1 RTS600系列电子全站仪

1. 提手紧固螺旋;2. 仪器中心;
3. 仪器型号;4. 电池;
5. 水平制动螺旋;6. 水平微动螺旋;
7. RS232通信接口(外接电源接口);
8. 基座脚螺旋;9. 基座;10. 基座锁紧钮;
11. 圆水准器;12. 按键;13. 显示屏;
14. 长水准器;15. 垂直制动螺旋;
16. 垂直微动螺旋;17. 望远镜物镜;
18. 望远镜粗瞄准器;19. 提手

2. 全站仪的基本操作

(1) 安装内部电池

测前应检查内部电池的充电情况,如电力不足要及时充电,充电方法及时间要按使用说明书进行,不要超过规定的时间。测量前装上电池,测量结束应卸下。

(2) 安置仪器

操作方法和步骤与经纬仪类似,包括对中和整平。若全站仪具备激光对中和电子整平功能,在把仪器安装到三脚架上之后,应先开机,然后选定"对中/整平"模式后再进行相应的操作。开机后,仪器会自动进行自检。自检通过后,屏幕显示测量的主菜单,如图 15-2 所示。

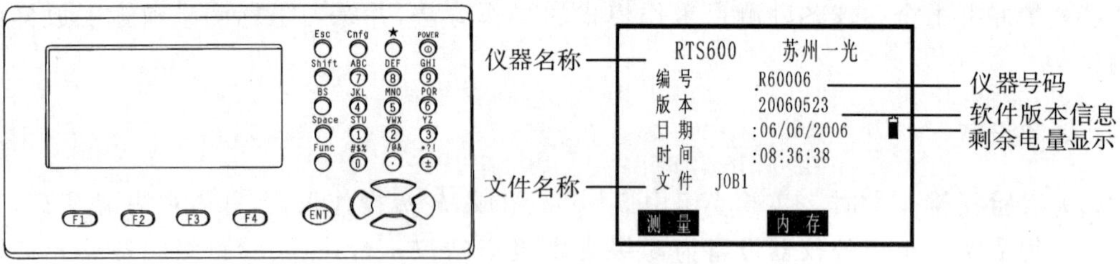

图 15-2 状态模式屏幕

3. RTS600 系列全站仪的主要功能

不同厂家生产的全站仪,同一厂家生产的不同等级的全站仪,甚至是同一厂家生产的同一等级而不同时期生产的全站仪,其外观、结构、功能、键盘设计、操作方法和步骤等都会有所区别。现以 RTS600 系列全站仪为例,介绍其操作功能如图 15-3 所示。

4. 全站仪的操作使用

(1) 距离测量

如图 15-4 所示。

① 照准目标。

② 进入测量模式。

③ 按[F1](测距)键开始距离测量。

④ 按[F4](停)键停止距离测量。

(2) 角度测量

如图 15-4 所示。

① 仪器瞄准某一目标点 A。

② 在测量模式菜单下按[F3](置零)键,此时(置零)开始闪动。

③ 再次按[F3](置零)键,此时目标点 A 方向值已设置为零。

④ 照准目标点 B。

(3) 三维坐标测量

输入测站数据,如图 15-5 所示。

① 量取仪器高和目标高。

② 进入测量模式。

③ 按[F4](坐标)键进入〈坐标测量〉屏幕。

④ 选取"测站定向"。

⑤ 选取"测站坐标"。

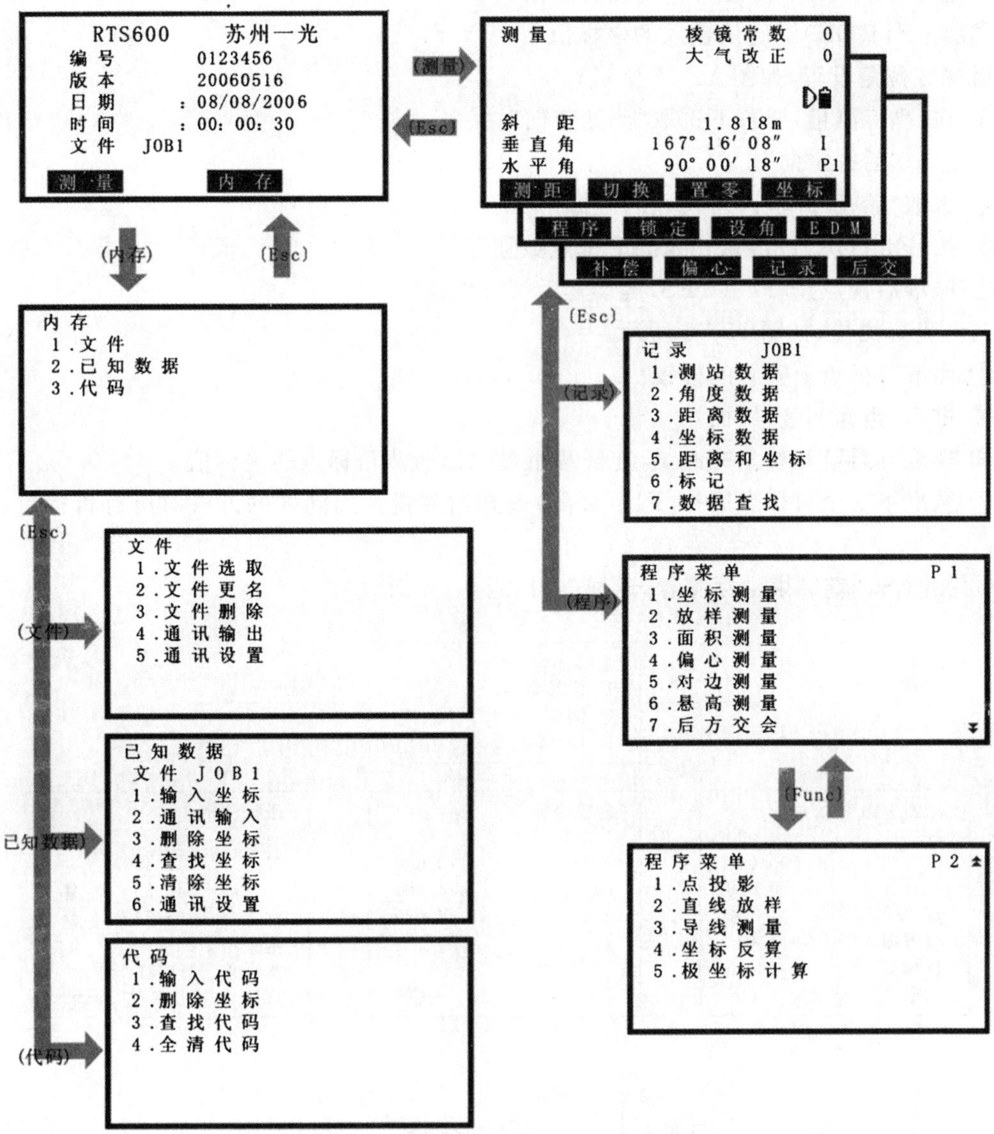

图 15－3 RTS600 系列全站仪模式图结构

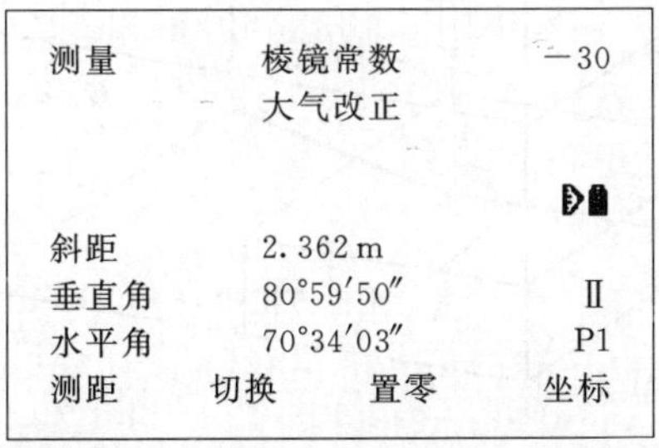

图 15－4 距离、角度测量

⑥ 输入测站坐标、仪器高和棱镜高数据。

⑦ 按[F4](OK)键确认输入的坐标值。

后视方位角设置，如图 15－5 所示。

① 在〈坐标测量〉屏幕下选取“测站定向”。

② 选取“后视定向”。

③ 选取“后视”并输入后视点的坐标。

④ 按[F4](OK)键确认输入的后视点数据。

⑤ 照准后视点按[F4](YES)键设置后视方位角。

三维坐标测量，如图 15－5 所示。

① 照准目标点上安置的棱镜。

② 进入〈坐标测量〉界面。

③ 选取“测量”开始坐标测量，在屏幕上显示出所测目标点的坐标值。

④ 照准下一个目标点后按[F1](观测)键开始测量。用同样的方法对所有目标点进行测量。

⑤ 按[ESC]键结束坐标测量，返回〈坐标测量〉界面。

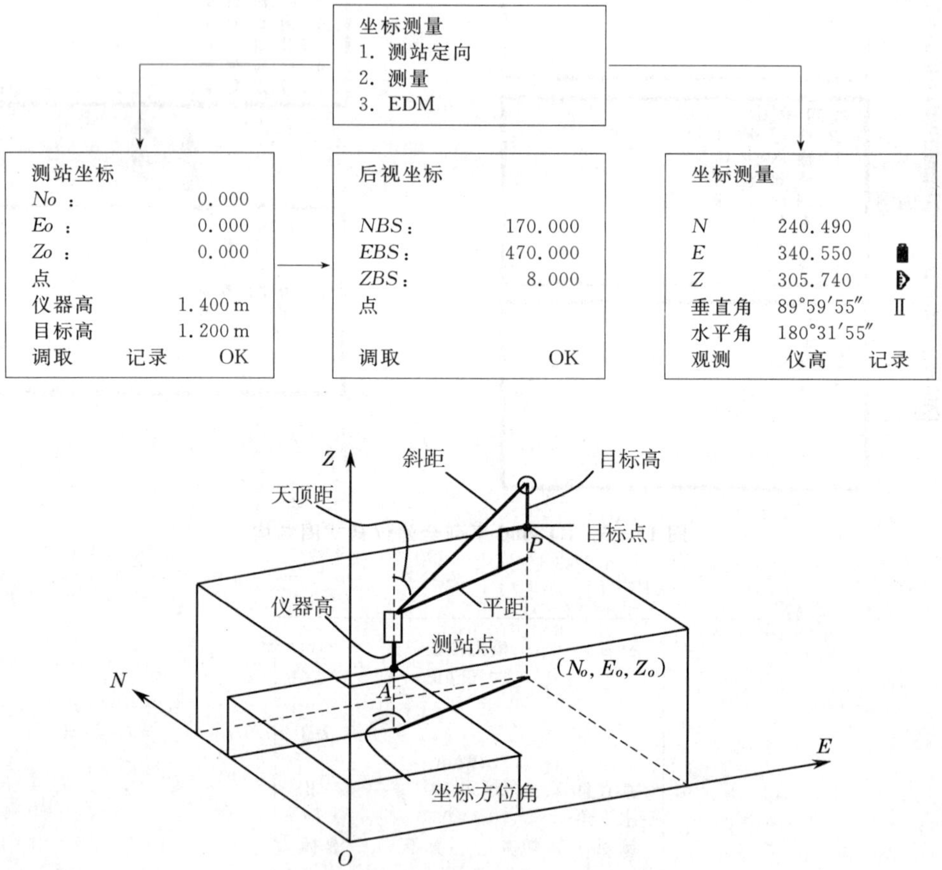

图 15－5 三维坐标测量

(4) 三维坐标放样

如图 15－6 所示。

① 进入测量模式，按[F1](程序)键进入〈程序菜单〉屏幕。

② 选取“放样测量”进入。

③ 输入测站数据。

④ 设置后视坐标方位角。

⑤ 选取“放样测量”进入。

⑥ 选取“坐标”进入。

⑦ 输入放样点坐标。

⑧ 按[F1](观测)键开始坐标放样测量。通过观测和移动棱镜测设出放样点位。

⑨ 按[ESC]键返回〈放样测量〉屏幕。

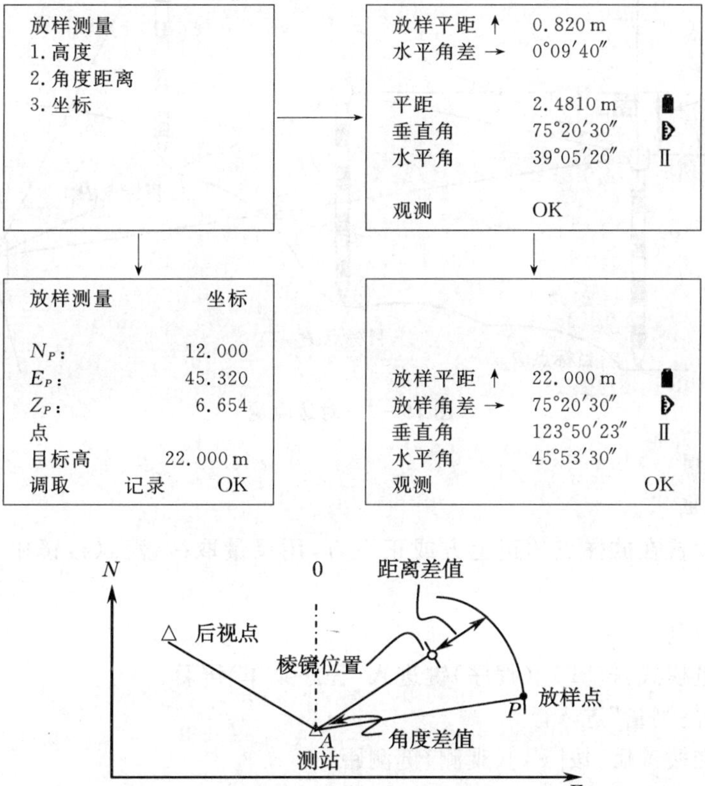

图 15－6 三维坐标放样

(5) 对边测量

如图 15－7 所示。

① 进入测量模式，按[F1](程序)键进入〈程序菜单〉屏幕。

② 选取“对边测量”进入。

③ 照准起始点，按[F4](观测)键开始测量，待显示测量值后按[F4](停)键停止测量。

④ 照准目标点，按[F1](对边)键对目标点进行测量。

⑤ 照准下一目标点并按[F1](对边)键对目标点进行测量,用同样方法测量多个目标点与起始点间的斜距、平距和高差。

⑥ 按[ESC]键结束对边测量。

对边测量		
斜距		20.757 m
垂直角		43°49′50″
水平角		156°18′00″
		Ⅱ
对边	起点	观测

→

对边测量		
S(%)		%
斜距		23.125 m
平距		2.300 m
高差		74.623 m
对边	起点	观测

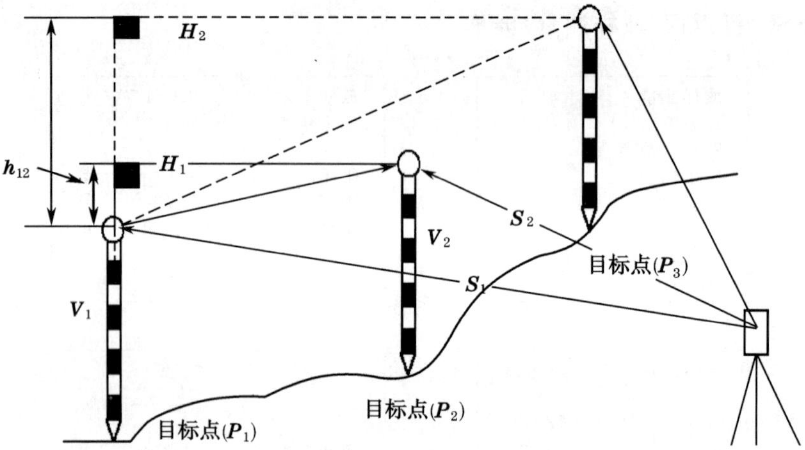

图 15-7　对边测量

(6) 悬高测量

如图 15-8 所示。

① 将棱镜设置在放样点的正上方或正下方,用尺量取棱镜高(棱镜中心至地面点的距离)。

② 输入棱镜高。

③ 进入测量模式,按[F1](程序)键进入〈程序菜单〉屏幕。

④ 选取"悬高测量"进入。

⑤ 精确照准棱镜后,按[F4](观测)键测距。

⑥ 转动望远镜照准待测物,按[F2](悬高)键,仪器屏幕显示出地面点至待测物体的"高度"。

⑦ 按[F4](停)键停止悬高测量。

⑧ 按[ESC]键结束悬高测量。

悬高测量	
先测量棱镜	
斜　距	
垂直角	
水平角	
	Ⅱ
悬高	观测

→

悬高测量	
高　度	12.36 m
斜　距	233.20 m
垂直角	45°53′30″
水平角	211°32′20″
	Ⅱ
悬高	观测

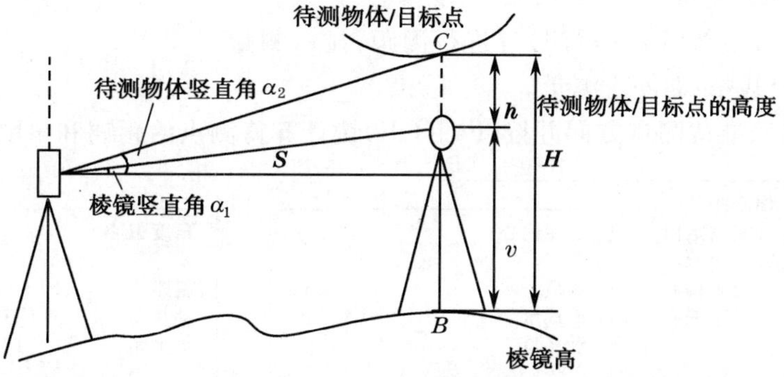

图 15-8　悬高测量

(7) 面积测量

如图 15-9 所示。

① 进入测量模式，按[F1](程序)键进入〈程序菜单〉屏幕。

② 选取“面积测量”进入。

③ 照准所计算面积的封闭区域第 1 边界点后，按[F4](观测)键，测量结果显示在屏幕上。

④ 按[F4](OK)键将测量结果作为“01”点。

⑤ 重复步骤 3 至 5，按顺时针或逆时针方向顺序观测完全部边界点。

⑥ 当观测的已知点数达到足以计算面积点数时，屏幕显示出(计算)。

⑦ 按[F2](计算)键计算并显示出面积结果。

⑧ 按[F4](OK)键结束面积计算返回〈程序菜单〉。

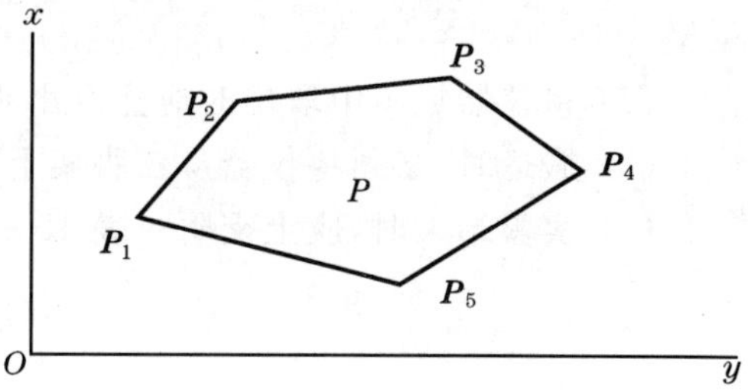

图 15-9　面积测量

程序菜单
1. 坐标测量
2. 放样测量
3. 面积测量
4. 偏心测量
5. 对边测量
6. 悬高测量
7. 后方交会

→

N	12.345
E	137.196
Z	1.234
垂直角	90°01′25″
水平角	109°32′00″
OK	观测

→

01：	
02：	
03：	
04：	
05：	
06：	
07：	
调取	观测

→

面积计算	
点数	5
面积	468.064 m²
	0.0468 ha
	OK

(8) 角度偏心测量

如图 15-10 所示。

① 将偏心点设置在待测点的附近，使测站至偏心点与待测点的距离相等，并在偏心点上设立棱镜。

② 进入测量模式，按[F1]（程序）键进入〈程序菜单〉屏幕。选取“偏心测量”进入。

③ 输入测站数据。

④ 设置后视坐标方位角。

⑤ 在〈偏心测量〉界面下选取“角度偏心”进入。

⑥ 照准棱镜按[F1]（观测）键进行测距，显示测量结果后按[F4]（停）键停止测量。

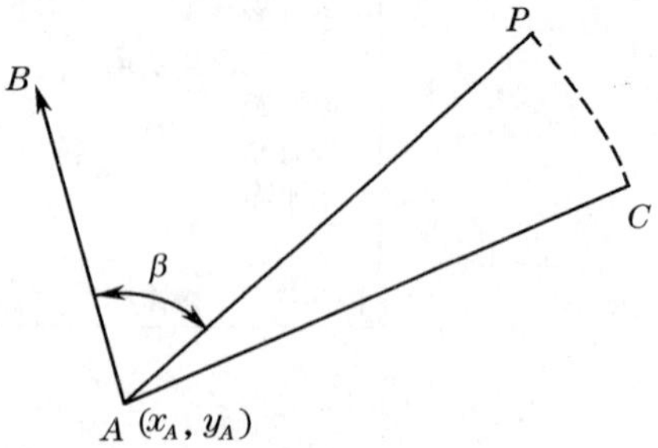

图 15 - 10　角度偏心测量

⑦ 精确照准待测点方向并按[F4]（OK）键计算待测点的距离和角度值。

偏心测量
1. 测站定向
2. 单距偏心
3. 角度偏心
4. 两距偏心

角度偏心
斜距　34.770 m
垂直角　80°30′10″
水平角　120°10′00″
照准待测点？
观测　OK

→

角度偏心
斜距　34.980 m
垂直角　85°50′30″
水平角　125°30′20″
记录　XYZ　NO　YES

四、注意事项

（1）电子全站仪为贵重的精密测量仪器之一，应避免剧烈震动和冲击，防止日晒雨淋或受潮。

（2）将仪器从箱中取出时应注意小心轻放，严禁直接置于地上。

（3）搬运时，必须将仪器从三脚架上取下。装箱前，务必先关闭仪器电源。

（4）实验结束时，应上交附录表 15 - 1“水平角竖直角距离坐标测量记录”。

实验十六　碎部测量(经纬仪测绘法)

一、目的与要求

(1) 掌握选择地形点的要领。

(2) 掌握测绘大比例尺地形图的两种方法。

二、计划与设备

(1) 实验安排 4 学时。实验小组由 4 人组成,1 人操作经纬仪,1 人记录,1 人绘图,1 人跑点立尺。

(2) 实验设备为 DJ6 级光学经纬仪 1 台,视距尺 1 根,皮尺 1 把,比例尺 1 支,量角器 1 个,小针 1 根,测图板(或小平板仪 1 套),记录板 1 块,测伞 1 把,绘图工具 1 套,计算器 1 个。

三、方法与步骤

1. 经纬仪测记法测图

(1) 如图 16-1 所示,在测站 A 安置经纬仪,量取仪器高,盘左瞄准地面点 B 并将水平度盘设置为 0°00′00″。在图纸上定出 a 点,画出 ab 方向线,用小针将量角器中心钉在 a 点上。

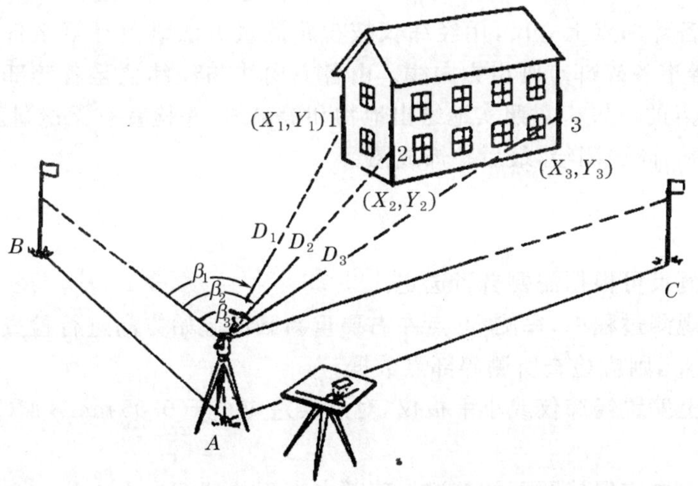

图 16-1　经纬仪测图

(2) 按跑尺线路将视距尺立于各碎部点,按视距测量的方法观测记录视距、竖直角和水平角,计算平距和高程,并记下碎部点名称。

(3) 根据有关数据用量角器和比例尺将碎部点展绘于图上,并注记高程,如图 16-2 所示。及时绘出地物,勾绘等高线。对照实地检查有无遗漏。

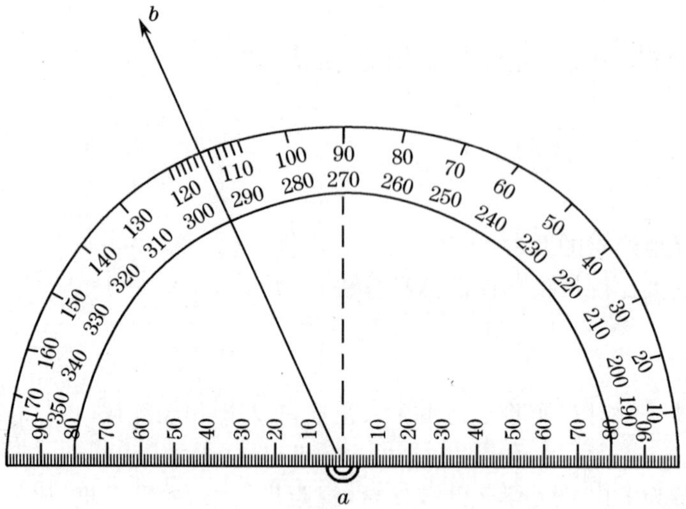

图 16 - 2　量角器展绘碎部点的方向

(4) 搬迁测站，同法测绘，直到指定范围的地形、地物均已展绘为止。最后依图式符号进行整饰。

2. 经纬仪与小平板仪联合测图

(1) 先在测站点 A 上立视距尺，将经纬仪安置在测站点附近 2～3 m 处，使视线水平，读取视距尺上的读数，由此计算仪器高；再在测站点 A 安置小平板仪，在图纸上定出点 a，用照准仪瞄准经纬仪中心，量取测站点至经纬仪中心的距离，依比例尺在图纸上定出经纬仪的位置。

(2) 依次在各碎部点上立尺，用经纬仪按视距测量方法观测计算至各碎部点的平距和高差，用照准仪瞄准各碎部点画出方向线。由各方向线与经纬仪至各碎部点的平距在图纸上交会出各碎部点的位置。对照实地绘出地物和等高线，并检查有无遗漏。

(3) 搬迁测站，同法测绘，最后整饰成图。

四、注意事项

(1) 测图比例尺可根据需要自行选定。

(2) 经纬仪观测过程中，每测 20 点左右要重新瞄准起始方向进行检查，初始定向，若水平度盘读数变动 4′，则应检查所测碎部点数据。

(3) 在测站上安置经纬仪或小平板仪，对点误差应小于 0.05 mm×M(M 为测图比例尺分母)。

(4) 测图过程中应保持图面的整洁。碎部点高程的注记应在点位右侧，字头朝北。

(5) 实验结束时交附录表 16 - 1“碎部测量记录”表 1 张，每组交图纸 1 张。

实验十七　求积仪的使用

一、目的与要求

(1)掌握机械求积仪的分划值测定的方法。

(2)掌握机械求积仪和电子求积仪测定面积的方法。

二、计划与设备

(1) 实验安排 2 学时。实验小组由 2～4 人组成。

(2) 实验设备为机械求积仪 1 台,电子求积仪 1 台,图板 1 块,图纸 1 张。

三、方法与步骤

1. 用机械求积仪量测面积

(1) 机械求积仪是一种利用积分原理在图纸上测定不规则图形面积的完全机械装置,它结构简单,售价低廉,便于使用。机械求积仪主要由极臂、描迹臂和计数器三部分组成,如图 17－1 所示。

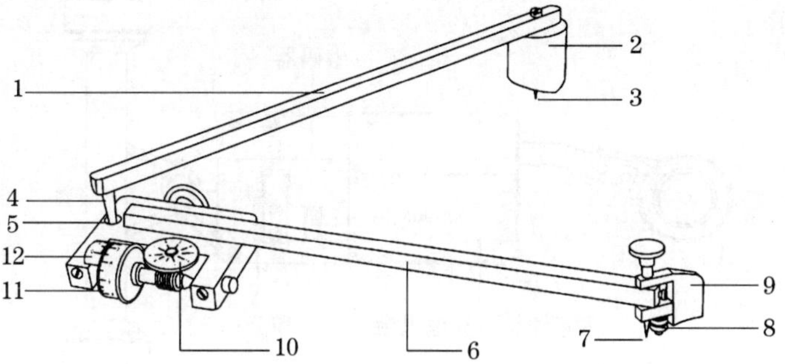

图 17－1　机械求积仪

1. 极臂;2. 重锤;3. 短针;4. 圆球状短柄;5. 结合套;6. 描迹臂;7. 描迹针;8. 支撑描迹针的小圆柱;9. 移动描迹针的手柄;10. 计数盘;11. 计数轮;12. 游标

(2) 测定求积仪的分划值:先绘制一张 10 mm×10 mm 的标准正方形,再将求积仪的极点安放在该图形外。选择轮左位置,将描迹针放在起点读取始读数 n_1,将描迹针沿图绕行 1 周读取终读数 n_2,选择轮右位置,同法读取 n_1 和 n_2。重复轮左、轮右量测。计算 4 组读数的平均值,则求积仪的分划值为:

$$C=\frac{100}{(n_2-n_1)_{平均}}$$

(3) 用求积仪量测面积:在比例尺为 1∶M 的地形图上选择一区域画出轮廓线。用轮左、轮右位置各测 2 次,取读数差的平均值,则图上面积和实地面积为:

$$P_{图} = (n_2 - n_1)C$$

$$P_{地} = P_{图} M^2$$

量测的记录和计算结果填写于附表 17－1“机械求积仪分划值测定”和附表 17－2“机械求积仪图形面积确定”中。

2. 用电子求积仪量测面积

(1) 电子求积仪是采用集成电路制造的一种新型求积仪。性能优越，可靠性好，操作简便。如图 17－2 所示，为日本 KOIZUMI（小泉）公司生产的 KP-90N 电子求积仪。

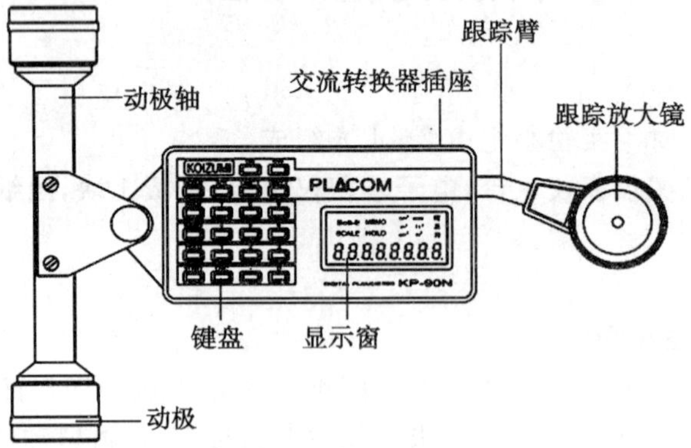

(a) 仪器正面

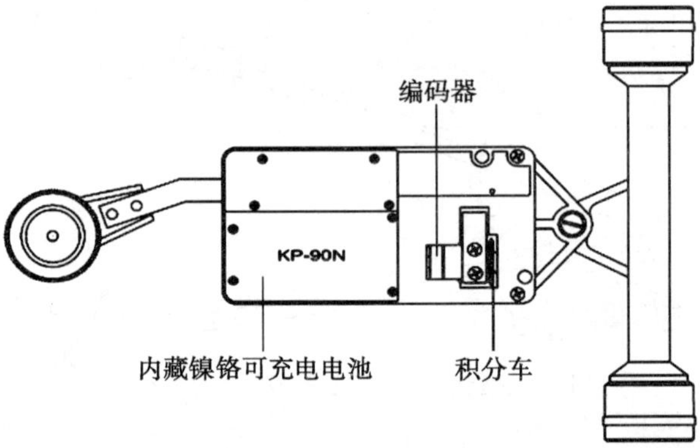

(b) 仪器底部

图 17－2　电子求积仪

电子求积仪具有自动显示量测面积结果、储存测得的数据、计算周围边长、数据打印、边界自动闭合等功能，计算精度可以达到 0.2%。同时，具备各种计量单位，如公制、英制，有计算功能，当数据量溢出时会自动移位处理。由于采用了 RS232 接口，可以直接与计算机相连进行数据管理和处理。

(2) 在地形图上求取图形面积时，先在求积仪的面板上设置地形图的比例尺和使用单位，再利用求积仪一端的跟踪放大镜的十字中心点绕图形一周来求算面积。为了保证量测面积的精度和可靠性，应将图纸平整地固定在图板或桌面上。当需要测量的面积较大时，可以采取将大面积划分为若干块小面积的方法，分别求这些小面积，最后把量测结果加起来。

有关电子求积仪的具体操作方法和其他功能，可参阅使用说明书。

四、注意事项

(1) 图纸应放在平整的图板或桌面上。

(2) 机械求积仪,安置极点位置时应作试测,使两臂交角在 30°～150°之间。选定描迹针起点位置,最好使两臂接近垂直。量测时应使描迹针严格地在图形轮廓线上均匀地绕行,同时,注意计算器的指针是否过零,每过零一次读数 n_2 应加 10 000。

(3) 电子求积仪为精密仪器,严禁冲撞和不恰当的使用。根据使用方法,按规定程序按各键,不可随便乱按。

(4) 电子求积仪经充电后可进行 1 000 次测量,如果显示窗出现"Batt－E",表示电池电将耗尽,需要用专配的充电器进行充电。

(5) 实验结束时每人上交附录表 17－1"机械求积仪分划值测定"和附录表 17－2"机械求积仪图形面积测定"各 1 张。

实验十八 建筑物轴线测设和高程测设

一、目的和要求

(1) 掌握建筑物轴线测设的基本方法。

(2) 掌握建筑施工中高程测设的基本方法。

二、计划和设备

(1) 实验安排 2 学时,实验小组由 6 人组成。

(2) 实验设备为 DJ6 级经纬仪 1 台,DS3 水准仪 1 台,钢尺 1 把,标杆 1 支,水准尺 1 根,记录板 1 块,榔头 1 把,木桩 6 只,测钎 2 支,计算器 1 个。

三、方法和步骤

1. 控制点布设和设计数据

建筑物轴线测设和高程测设首先需要有控制点。如图 18-1 所示,在空旷地面选择 A、B 两点,先打下一木桩作为 A 点,桩顶画十字线,以交点为中心,用钢尺丈量一段 50.000 m 的距离定出 B 点(同样打木桩,桩顶画十字线)。设 A、B 点的坐标为:

$$A\text{ 点坐标}\begin{cases}x_A=150.000\text{ m}\\ y_A=150.000\text{ m}\end{cases}\qquad B\text{ 点坐标}\begin{cases}x_B=150.000\text{ m}\\ y_B=200.000\text{ m}\end{cases}$$

设 A 点的高程为 10.000 m。假设以上数据为已有控制点的已知数据。

设计建筑物的某轴线点 P_1、P_2 的坐标和高程如下:

$$P_1\text{ 点坐标和高程}\begin{cases}x_{P_1}=158.360\text{ m}\\ y_{P_1}=155.240\text{ m}\\ H_{P_1}=10.150\text{ m}\end{cases}\qquad P_2\text{ 点坐标和高程}\begin{cases}x_{P_2}=158.360\text{ m}\\ y_{P_2}=175.240\text{ m}\\ H_{P_2}=10.150\text{ m}\end{cases}$$

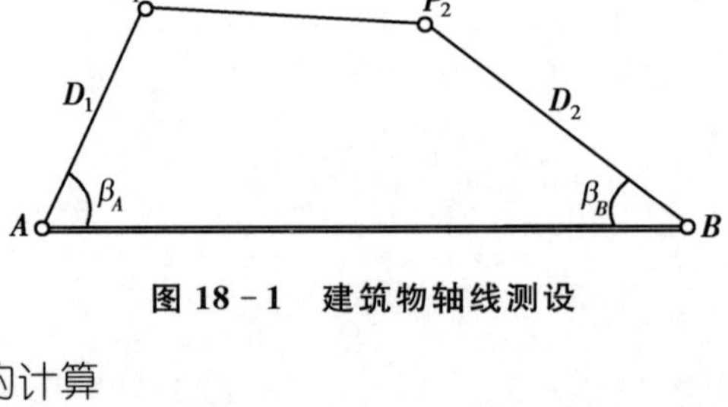

图 18-1 建筑物轴线测设

2. 测设(放样)数据的计算

设在控制点 A、B 用极坐标法测设轴线点 P_1、P_2 的平面位置及用水准仪测设高程。用极坐标法测设 P_1 点时,有:

$$D_{AP_1}=\sqrt{(x_{P_1}-x_A)^2+(y_{P_1}-y_A)^2}$$

$$\beta_A=\alpha_{AB}-\alpha_{AP_1}=\text{arctg}\,\frac{y_B-y_A}{x_B-x_A}-\text{arctg}\,\frac{y_{P_1}-y_A}{x_{P_1}-x_A}$$

同法可计算测设 P_2 点的数据 D_{BP_2}、β_B。

3. 极坐标法轴线点平面位置测设

(1) 安置经纬仪于 A 点，瞄准 B 点，变换水平度盘位置使读数为 00°00′00″；逆时针旋转照准部，使水平度盘读数为 $(360°-\beta_A)$，用测钎在地面标出该方向，在该方向上从 A 点量水平距离 D_{AP_1}，打下木桩；再重新用经纬仪标定方向和用钢尺量距，在木桩上定出 P_1 点。

(2) 再安置经纬仪于 B 点，用类似方法测设 P_2 点（不同之处为瞄准 A 点后，照准部顺时针旋转 β_B 角）。

(3) P_1、P_2 点的木桩位置可以用根据两点设计坐标算得的两点间水平距离，用钢尺进行检核丈量，与理论值的差数不应大于 10 mm。

4. 轴线点高程测设

如图 18-2 所示，水准仪安置于与 A 点、P_1 点、P_2 点大致等距离之处，A 点木桩上立水准尺，读得后视读数 a，根据 A 点的高程 H_A，求得水准仪的视线高程（仪器高程）H_i：

$$H_i=H_A+a$$

计算 A 点高程与 P_1、P_2 点设计高程之差：

$$h=H_P-H_A$$

则 P_1、P_2 点上水准尺应有读数为：

$$b=H_i-h$$

在 P_1、P_2 点旁边各打一木桩，用逐步打入土中的方法使立于其上的水准尺读数逐渐增大至 b 为止。桩顶即为轴线点的设计高程。

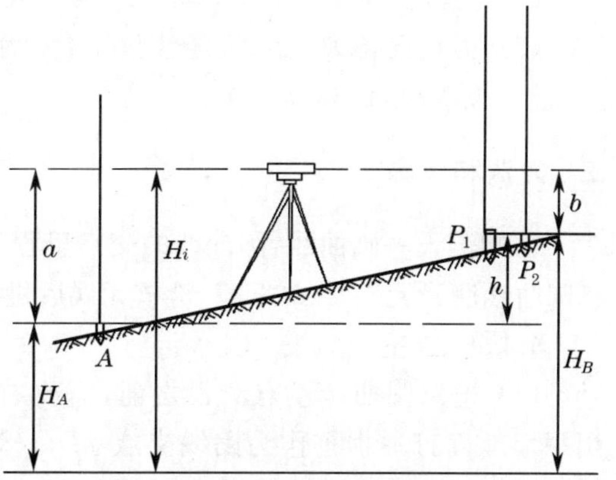

图 18-2 几何水准法测设高程

四、注意事项

(1) 测设数据各人应独立计算，互相将计算结果进行校核，证明正确无误后再进行测设。

(2) 轴线点的平面位置测设好以后，应进行两点间的距离校核。

(3) 实验结束时，上交附录表 18-1“点的平面位置测设记录”和附录表 18-2“点的高程测设、检测记录”。

实验十九　道路圆曲线测设

一、目的和要求

（1）掌握圆曲线主点测设元素的计算和测设方法。

（2）掌握用偏角法进行圆曲线的详细测设。

二、计划和设备

（1）实验安排 3 学时，实验小组由 6 人组成。

（2）实验设备为 DJ6 级经纬仪 1 台，钢尺 1 把，标杆 2 支，测钎 10 支，木桩 3 只，榔头 1 把，记录板 1 块，计算器 1 个。

三、方法和步骤

已知测设一圆曲线，圆曲线的交点里程为 5+256.73 m，偏角 $\alpha \approx 50°$，$R=70$ m，$l_0=10$ m，计算圆曲线测设元素 T、L、E、J，检核无误后进行测设。

1. 圆曲线主点测设

（1）道路圆曲线主点测设之前，需要有标定路线方向的交点（JD）和转点（ZD）。在开阔平坦地面打一木桩作为路线交点 JD_1，然后向两个方向（路线的转折角 β 约等于 120°）延伸 30 m 以上，定出两个转点 ZD_1 和 ZD_2，插上测钎。如图 19-1 所示。

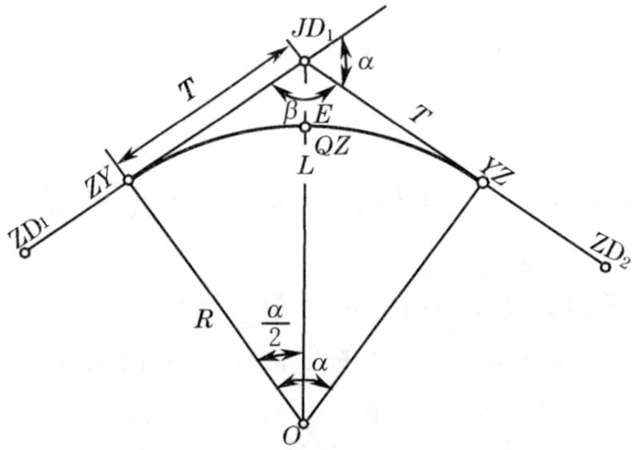

图 19-1　道路圆曲线的主点及主元素

（2）在 DJ_1 点安置经纬仪，以一个测回测定转折角 β，计算路线偏角 $\alpha=180°-\beta$，设计圆曲线的半径 $R=70$ m，按下列公式计算圆曲线元素（切线长 T、曲线长 L、外矢距 E、切曲差 J），即

切线长　$T=R\tan\frac{\alpha}{2}$

曲线长　$L=R\frac{\pi\alpha}{180}=R\frac{\alpha}{\rho}$

外矢距　　$E=R\left(\sec\frac{\alpha}{2}-1\right)=R\left(\frac{1}{\cos\frac{\alpha}{2}}-1\right)$

切曲差　　$J=2T-L$

计算的曲线元素，记录于附录表 19－1。

(3) 用安置于 DJ_1 点的经纬仪先后瞄准 ZD_1、ZD_2，定出方向，用钢尺在该方向上测设切线长 T，定出圆曲线的起点(直圆点)ZY 和圆曲线的终点(圆直点)YZ，打下木桩，重新测设一次，在木桩顶上标出 ZY 和 YZ 的精确位置。

(4) 用经纬仪瞄准 YZ，水平度盘读数置于 0°00′00″，照准部旋转 $\frac{\beta}{2}$，定出转折角的分角线方向，用钢尺测设外矢距 E，定出圆曲线中点 QZ。

2. 主点桩号计算

位于道路中线上的曲线主点桩号由交点的桩号推算而得。设交点 JD 的桩号为 5＋256.73 m，根据圆曲线元素，计算曲线主点的桩号：

ZY 桩号＝JD 桩号－T

QZ 桩号＝ZY 桩号＋$\frac{L}{2}$

YZ 桩号＝QZ 桩号＋$\frac{L}{2}$

YZ 桩号＝JD 桩号＋$T-J$　(检核)

3. 用偏角法详细测设圆曲线

(1) 设圆曲线上每 $l_0=10$ m 整需要测设一里程桩，l_1 为曲线上第一个整 10 m 桩 P_1 与圆曲线起点 ZY 间的弧长，如图 19－2 所示。

(2) 用偏角法详细测设圆曲线，按下式计算测设 P_1 点的偏角 Δ_1 和以后每增加 10 m 弧长的各点的偏角增量 Δ_0：

$$\Delta_1=\frac{l_1}{2R}\cdot\frac{180}{\pi}$$

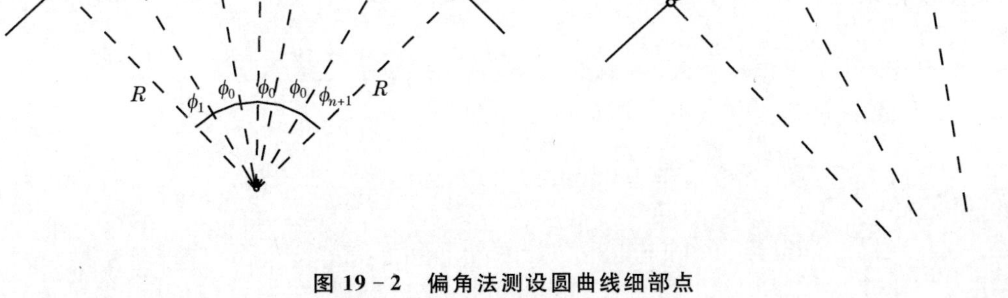

图 19－2　偏角法测设圆曲线细部点

$$\Delta_0=\frac{l_0}{2R}\cdot\frac{180}{\pi}$$

P_2、P_3…P_i 等细部点的偏角按下式计算：

$$\Delta_2=\Delta_1+\Delta_0$$

$$\Delta_3=\Delta_1+2\Delta_0$$

……

$$\Delta_i=\Delta_1+(i-1)\Delta_0$$

曲线起点至曲线上任一细部点 P_i 的弦长 C_i 按下式计算：

$$C_i=2R\sin\Delta_i$$

曲线上相邻整桩间的弦长 C_0 按下式计算：

$$C_0=2R\sin\Delta_0$$

曲线上任两点间的弧长 l 与弦长 C 之差（弦弧差）按下式计算：

$$l-C=\delta=\frac{l^3}{24R^2}$$

根据以上这些公式和算得的曲线主点桩号，计算圆曲线偏角法测设数据，记录于附录表19－2中。

(3) 测设方法

① 安置经纬仪（或全站仪）于曲线起点（ZY）上，瞄准交点（JD），使水平度盘读数设置为0°00′00″。

② 水平转动照准部，使度盘读数为 Δ_1，沿此方向测设弦长 C_1，定出 P_1 点。

③ 再水平转动照准部，使度盘读数为 Δ_2，沿此方向测设长弦 C_2，定出 P_2 点；或从 P_1 点测设短弦 C_0，与偏角 Δ_2 的方向线相交而定出 P_2 点。以此类推，测设 P_3、P_4 点。

④ 测设至曲线终点（YZ）作为检核。水平转动照准部，使度盘读数为 Δ_{YZ}，在方向上测设长弦 C_{YZ}，或从 P_4 测设短弦 C_{n+1}，定出一点。此点如果与 YZ 不重合，其闭合差一般应按如下要求：半径方向（路线横向）：不超过±0.1 m；切线方向（路线纵向）：不超过±L/1 000（L 为曲线长）。

四、注意事项

(1) 圆曲线主点测设元素和偏角法测设数据的计算应经过两人独立计算，校核无误后方可进行测设。

(2) 本实验所占场地较大，仪器工具较多，应及时收拾，防止遗失。

(3) 实验结束后，应上交附录表19－1“圆曲线主点的测设记录”和附录表19－2“圆曲线细部点测设记录”。

实验二十　线路纵、横断面图测绘

一、目的和要求

（1）掌握线路纵、横断面水准测量的方法。

（2）掌握线路纵、横断面图的绘制。

二、计划和设备

（1）实验安排 3 学时，实验小组由 4 人组成。

（2）实验设备为 DS3 水准仪 1 台，水准尺 2 根，尺垫 2 个，皮尺 1 把，木桩数个，方向架 1 个，榔头 1 把，记录板 1 块。

三、方法和步骤

（1）如图 20－1 所示，选择一条约 300 m 长的路线，用皮尺量距，每 50 m 打一里程桩，并在坡度与方向变化处打加桩，起点桩号为 0＋000。

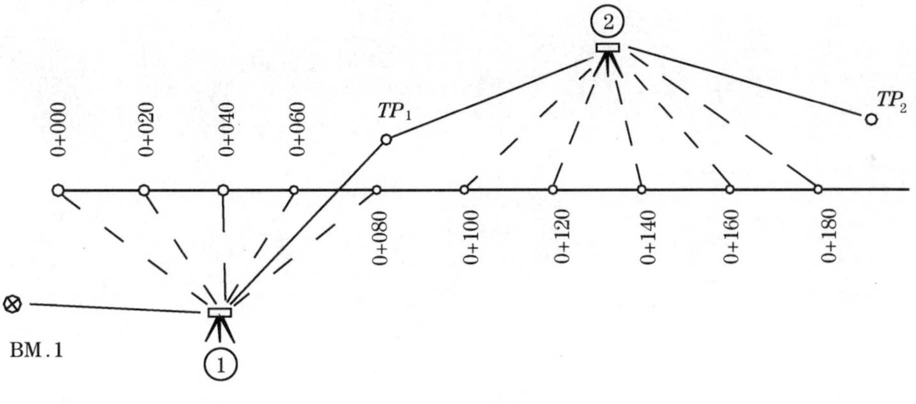

图 20－1　中平测量

（2）根据已知水准点将高程引测至起点桩 0＋000 上。

（3）将水准仪安置于适当位置，后视起点桩 0＋000，前视转点 TP_1（读至毫米），然后依次中间视桩号（读至厘米）。

（4）在完成起点桩与转点 TP_1 间各点测定后，将仪器搬至 TP_1 至 TP_2 之间，后视 TP_1，前视 TP_2，中间视各桩号。同法继续进行观测，直至线路终点。

（5）为检核成果，由线路终点返测至已知水准点，此时不需要观测各中间点。

（6）每人选一里程桩进行横断面水准测量。在里程桩上，用方向架确定线路的垂直方向，在线路左、右两侧各测 20 m，里程桩至左、右侧各坡度变化点距离用皮尺量出，读至分米；高差用水准仪测定，读至厘米。

（7）纵、横断面图的绘制。纵断面图比例尺水平距离为 1∶1 000，高程为 1∶100；横断面图比例尺水平距离为 1∶100，高程为 1∶100。纵、横断面图绘制在方格坐标纸上。横断面图可在现场边测边绘，及时与实地对照检查。

四、注意事项

（1）中间视因无检核，所以读数与计算时要认真仔细，防止出错。

（2）横断面测量与绘图，应注意分清左、右，最好在现场，边测边绘。

（3）线路往、返测闭合差的限差为 $\pm 12\sqrt{n}$（mm），n 为测站数。超限应重测。

（4）实验结束后，应上交附录表 20－1“纵断面水准测量记录”和附录表 20－2“横断面水准测量记录”，以及“线路纵断面图”、“线路横断面图”。

实验二十一　数字测图数据采集

一、目的和要求

（1）了解数字测图数据采集的主要方法。

（2）掌握采用电子全站仪 OTS610 或 OTS710 进行测图数据采集的具体操作、数据通讯等过程。

二、计划和设备

（1）实验安排 2 学时。实验小组由 5～6 人组成，轮流操作仪器，并做观测记录。

（2）每个实验小组的仪器设备为：① 5″级电子全站仪 1 台，反光棱镜及棱镜杆各 1 个；② 2″级电子全站仪 1 台，反光棱镜及棱镜杆各 1 个。以上 2 组仪器设备，根据条件选用 1 组。

（3）实验前，应详细阅读本实验的内容。

三、方法和步骤

由实验指导教师向各实习小组介绍测图数据采集的方法、仪器的具体操作方法和注意事项，如图 21－1 所示。然后，各组用领取的仪器设备在实验场地内进行测图数据采集实验。

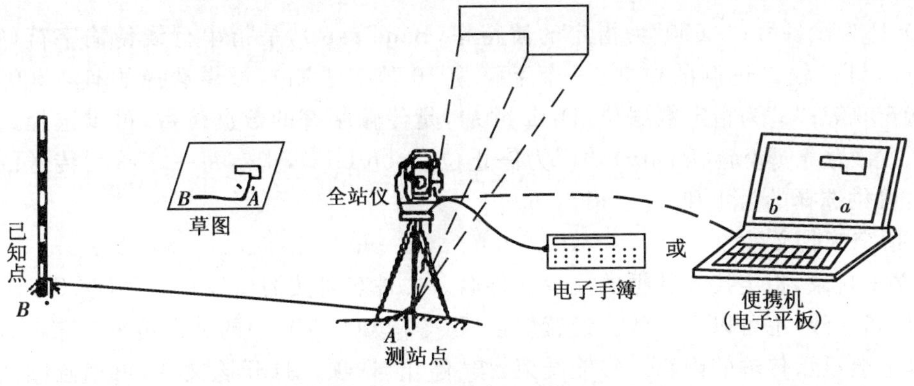

图 21－1　全站仪野外测图

用电子全站仪 OTS610 进行数据采集。以数字测图为目的的野外全站仪数据采集一般采用三维坐标测量方式。

1. 工作文件的选定

电子全站仪所采集的数据存储于当前工作文件中，因此，在采集数据前，必须选定某一文件(JOB)作为当前工作文件。电子全站仪 OTS610 共有 10 个文件可供选用，文件名称为 JOB01，JOB02，…，JOB10。仪器可存储多达 16 000 个点。选择工作文件的步骤如下：

（1）在状态屏幕下按[内存]软键，进入文件操作模式。

（2）在文件操作模式下选取“文件”进入〈文件〉菜单；选取“文件选取”进入〈文件选取〉菜单，选取“JOB1”后按回车键，返回状态屏幕；在状态屏幕下按[测量]软键，进入测量操作模式。

2. 地物特征点测量和记录

按三维坐标测量方法，在图根控制点安置电子全站仪，用相邻控制点作为后视点定向，检查无误后，测定各地物特征点的三维坐标（有关内容可参见“实验十五”中坐标测量部分），并记录所测点的坐标。记录时，应注意输入点号及编码。

（1）点号的输入：控制点点号按实际编号输入，地物点点号全站仪可自动顺次编号。

（2）编码的输入：地物点的编码反映了该点的属性，是识别点的地物类别和进行自动连线的依据。若采用计算机软件成图的方法，输入的编码应与软件规定的编码一致。

电子全站仪自动记录每一地物点的信息，包括点号、*X* 坐标、*Y* 坐标、高程 *H* 和编码（CODE），并存放于当前工作文件中。

3. 电子全站仪与计算机的数据通讯

野外数据采集后，应将全站仪工作文件内的数据传输至计算机，形成计算机数据文件。OTS610 或 OTS710 电子全站仪既可以将内存中的数据传输给计算机，以指定的格式打印出来，或利用这些数据进行机助成图，又可以接收由计算机传输过来的测量数据及其他信息，这一过程就是数据通讯。实现全站仪与微机的数据通讯时，需要备一根串行通讯电缆（RS232 通讯接口），以连接全站仪与计算机。

（1）计算机的通讯操作

① 设置通讯参数

计算机开机后，进入 Windows 操作系统，选用系统软件“附件”中的“终端仿真程序（Terminal. exe）”，并设置与 OTS610 中相一致的通讯参数，例如：

COMl：9 600，8，N，1，0

COMl 为设备号；“9 600”为指定的波特率（Baud rate），是指串行线传输字符（字节）的速度（每秒钟传输二进制的位数，一个字符为 10 位二进制），可供选择的有 1 200，2 400，4 800，9 600 等；“8”为指定数据位（Data bits），是传输字符的数据位数，可供选择的为 7 位或 8 位；“N”为奇偶校验（Parity），“1”为停止位（Stop bits），指定每一字符后传送的停止位的位数，可供选择的为 1 和 2。

② 指定接收文件

建立子目录，指定接收数据的文本文件名。文件名可按需要设置，可以与 OTS610 中的工作文件名一致，也可以不一致。设置好以后，等待 OTS610 中的文件传输过来。传输过程中，屏幕上会显示传输的内容。传输结束，按“停止”选项。打开该文件，可以查阅所接收的数据和信息。

（2）OTS610 的通讯操作

在内存模式下，选取“文件”进入〈文件〉菜单；选取“通讯输出”进入〈通讯输出〉操作菜单；将光标移至待输出文件名上后按[ENT]键，仪器显示通讯输出状态，按[ENT]键可中断数据输出；数据发送完毕，仪器自动返回〈通讯输出〉显示界面。

四、注意事项

本实验中所测定地物点的点号、坐标及代码记录应保管好，作为内业数字成图、图形编辑和绘图的原始依据。

实验二十二　航片的立体观察、量测与野外判读

一、目的和要求

（1）了解用航摄像片进行立体观察的条件，掌握用立体镜进行立体观察的方法。

（2）了解视差杆的构造，掌握用视差杆量测视差较的方法。

（3）了解地物成像规律和特征，掌握野外进行航片判读的要领。

二、计划和设备

（1）实验安排 4 学时，实验小组由 2～4 人组成。

（2）实验设备为反光立体镜（或简易立体镜）1 个，立体像对 1 对，视差杆 1 个，放大镜 1 个，像片夹 1 个，图纸 1 张。

三、方法和步骤

（1）在一对像片上标出像片主点，并相互转刺，用铅笔连线得像片基线。

（2）在一张 50 cm×25 cm 图纸上画一直线，然后将左、右像片放在上面，使影像区重叠向内，像片基线与图上直线重合。移动两像片，使其主点相距约 260 mm。

（3）在像对上方安置立体镜，移动立体镜，使眼基线与像片基线平行。

（4）通过目镜观察像对，调整左、右像片间距，使双眼同时凝视影像，影像重合得正立体效应。

（5）将左、右像片位置互换，重叠区向外，同法得反立体效应。

（6）将左、右像片在原来位置上各自旋转 90°，两像片基线相互平行，并与眼基线垂直，得零立体效应。

（7）观察视差杆分划值的刻划，练习读数。

（8）在正立体效应下，用视差杆对左、右像片的若干个同名像点进行量测，读至 0.01 mm，得左、右视差。

（9）以已知航高的某点为起始点，计算它与各同名像点左、右视差较，计算各点与已知点的高差及各点高程。

（10）在室内立体观察的基础上，初步确定判读路线与判读的重点地物。

（11）携带立体像对到像片影像地区进行实地判读。对照实地找出站立点在像片上的位置，并进行像片定向。

（12）根据成像规律与影像特征，对站立点附近的地物进行判读，从形状、大小、色调、阴影与相关地物着手，重点判读房屋、道路、水系等。

（13）按预定路线进行判读，并加以调绘。

四、注意事项

（1）实验过程中不能手摸立体镜的玻璃和透镜，不能折叠、雨淋或污损像片。

（2）判读时应注意像片的航摄季节及比例尺，分析某一地物特征应综合考虑其与周围地物的关系。

（3）实验结束时每小组上交一份调绘资料。

第三部分　测量实习指导(书)

测量实习是在课堂教学结束之后在实习场地集中进行的测绘生产实践性教学，是各项课间实验的综合应用，也是巩固和深化课堂所学知识的必要环节。通过实习，不仅能够了解基本测绘工作的全过程，能够系统地掌握测量仪器操作、实施计算、地图绘制等基本技能，而且为今后从事专门测绘工作或解决实际工程中的有关测量问题打下基础，还能在业务组织能力和实际工作能力方面得到锻炼。在实习中应该具有严肃认真的实习态度，踏实求是的工作作风、吃苦耐劳的工作精神、团结协作的集体观念。

实习中安排的大比例尺地形图测绘(包括控制测量、碎部测量、地图拼接与整饰等)、地形图的阅读、点位的测设是必做的基本实习内容，而路线测量等是有关专业选做的内容。实习时数可安排1～2周。

本实习是教学实习，最好能结合测量规范的学习进行测量作业。如果组织学生结合测绘生产任务进行实习，则应考虑安排教学实习应有的内容。

一、实习的准备、计划及注意事项

1. 实习动员

由有关领导或指导教师讲明实习的重要性和必要性，介绍实习场地情况，提出实习任务和计划，宣布实习组织机构、分组名单、实习纪律，说明仪器工具借领办法和损坏赔偿规定，指出实习注意事项，以保证实习的顺利进行。

2. 实习组织

实习期间的组织工作由实习指导教师全面负责。实习工作以班为单位，分小组进行，每组5～6人，设正副组长各1名，正组长负责全组的测量工作安排，副组长负责仪器管理工作。

3. 每组配备的仪器和工具

经纬仪1台，水准仪1台，平板仪1套，钢尺1把，皮尺1把，水准尺2根，尺垫2个，大小花杆各3根，测钎1束，记录板1块，背包1个，比例尺1把，量角器1个，三角板1副，斧子1把，木桩若干，测伞1把，绘图纸若干张，有关记录手簿、计算纸、胶带纸等。各组自备计算器和铅笔等。

4. 实习计划及要求

项目与内容	时间安排	任务与要求
实习动员、借领仪器工具、仪器检校、踏勘测区	0.5～1天	做好测前的准备工作

续表

项目与内容	时间安排	任　务　与　要　求
大比例尺地形图的测绘	3～7天	测绘 30 cm×30 cm、40 cm×40 cm、40 cm×50 cm 方格(每格 10 cm×10 cm),1∶500 比例尺地形图 1 幅,掌握测绘工作全过程
地形图判读	0.5天	掌握判读地形图的要领
点位测设	0.5天	完成一个建筑物的施工放样,掌握点的平面位置和高程测设的全过程
线路测量	2～4天	完成 400～800 m 的线路测量工作,掌握其全过程
实习总结	0.5～1天	整理成果,编写实习报告书,归还仪器

5. 实习注意事项

(1) 实习期间的各项工作以小组为单位进行。组长要切实负责,合理安排,使每人都有练习的机会;组员之间应团结协作,密切配合,以确保实习顺利完成。

(2) 实习过程中应严格遵守实习的有关规定。

(3) 每天出测前和收工时都应清点仪器工具,检查是否带齐或遗失,要及时收还仪器工具,整理成果资料。

(4) 严格遵守实习纪律。病假需有医生证明,事假应经教师批准;禁止下水游泳,严禁在外宿夜;尊重当地风俗,搞好群众关系;爱护花木、农作物和公共财产,注意饮食和环境卫生。

二、实习的内容、方法及技术要求

1. 大比例尺地形图的测绘

本项实习包括:在测区布设平面和高程控制网,测定图根控制点;进行碎部测量,测得地物和地形特征点,并依测图比例尺和图式符号进行描绘,最后拼接整饰地形图。

(1) 平面控制测量

在测区实地勘测,进行布网选点。平坦地区(量距方便的情况下)一般布设闭合导线,丘陵地区通常布设单三角锁、大地四边形、中点多边形等三角网,对于带状地形可布设附合导线或线形锁。在控制点上进行观测,经过内业计算获得平面坐标。

① 踏勘选点。每组在指定的测区进行踏勘,了解是否有已知等级控制点,熟悉测区施测条件,根据测区范围和测图要求确定布网方案进行选点。选点的密度,应能覆盖整个测区,便于碎部测量;一般要求相邻点之间的距离在 100 m 左右,相邻导线边长大致相等,三角形内角大于 30°。控制点的位置应选在土质坚实便于保存标志和安置仪器,通视良好便于测角和量距,视野开阔便于施测碎步之处。如果测区内有已知点,则所选图根控制点应包括已知点。点位确定之后,即打下木桩,桩顶钉下小钉做出标记并编号。

② 水平角观测。在每个控制点上用 DJ6 级光学经纬仪观测一测回。每测回的精度要求参见实验。导线网用测回法,角度闭合差的限差为$\pm 60''\sqrt{n}$,n 为导线的测角数。

③ 边长测量。导线的边长用检定过的钢尺采取一般量距的方法往、返丈量,在平坦地区边长相对误差的限差为 1/3 000,特殊困难地区限差可放宽为 1/1 000,导线全长相对闭合差的限差为 1/2 000。在有条件的情况下,可用光电测距仪测定边长。

④ 连测。当测区内无已知点时，应尽可能找测区外的已知控制点，并与本区所设图根控制点进行连测，这样可使各组所设控制网纳入统一的坐标系统，也便于相邻测区边界部分的碎部测量。对于独立测区也可用罗盘仪测定控制网一个边的磁方位角，并假定一点的坐标作为起算数据。

⑤ 平面坐标计算。首先，校核外业观测数据，在观测结果合格的情况下进行闭合差配赋，然后由起算数据推算各控制点的平面坐标。计算方法根据布网形式查阅教材相关章节。计算中角度取至秒，边长和坐标值取至厘米。

（2）高程控制测量

在踏勘的同时布设高程控制网，测定图根点的高程。首级高程控制点，可设在平面控制点上（应包括已知水准点），采用四等水准测量。一般高程控制点，平坦地区采用图根水准测量，布网形式可为附合路线、闭合环或结点网；丘陵地区采用三角高程测量，布设形式可为三角高程导线或多角交会。

① 水准测量。用DS3水准仪沿路线设站单程施测，各站采用双面尺法或两次仪器高法进行观测，并取平均值作为该站的高差。四等水准测量的技术指标参见实验三表3－1。图根水准测量的技术指标为视线长度小于100 m，同测站两次高差的差数不大于6 mm，路线允许高差闭合差为$\pm 40\sqrt{L}$(mm)或$\pm 12\sqrt{n}$(mm)。式中L为以千米为单位的单程路线长度，n为测站数。

② 高程计算。对路线闭合差进行配赋后，由已知点高程推算各图根点高程。观测和计算单位取至毫米，最后成果取至厘米。

（3）碎部测量

首先进行测图前的准备工作，按指导教师的方法，在各图根点设站测定碎部点，同时展绘地形地物。

① 准备工作。在原图纸上绘制坐标方格网，纵横线间隔为10 cm，粗线为0.1 mm；要求方格网实际长度与名义长度之差不超过0.2 mm，图廓对角线长度与理论长度之差不超过0.3 mm。

抄录控制点的平面和高程成果，展绘到图上，要求控制点间的图上长度与坐标反算长度之差不超过0.3 mm。对经纬仪、水准仪、平板仪等进行检验和校正，技术指标参见相关实验。

② 测绘方法及要求。测绘方法可采用经纬仪测绘法、经纬仪与小平板仪联合测绘法、大平板仪测绘法等。

设站时平板仪对中偏差应小于$0.05M$(mm)（M是测图比例尺的分母），经纬仪对中偏差应小于5 mm。以较远的点作为定向点并在测图过程中随时检查，平板仪测绘时定向点在图上偏差小于0.3 mm，经纬仪测图时归零差小于$4'$。对另一图根点高程检测的较差应小于$0.2H$（H为基本等高距，本项实习为1 m）。

跑尺选点方法可由近及远，再由远到近，顺时针方向行进。所有地物和地貌的特征点都应立尺。地形点间距为30 m，视距长度一般不超过80 m。

展绘时应按图式符号表示出居民地、独立地物、管线及垣栅、境界、道路、水系、植被等各项地物和地貌要素以及各类控制点、地理名称注记等。高程注记至分米，记在测点右边，字头朝北。等高距取1 m，勾绘等高线。所有地形地物应在测站现场绘制完成。

（4）地形图的拼接、检查和整饰

① 拼接。每幅地形图应测出图框外 0.5～1.0 cm。与相邻图幅接边时的容许误差：对一般地区而言，主要地物不应大于 1.2 mm，次要地物不应大于 1.6 mm；对丘陵地区或山区的等高线不应超过 1～1.5 根。如果这项实习属无图拼接，则可不进行此项工作。

② 检查。先进行图面检查，查看图面上接边是否正确、连线是否矛盾、符号是否搞错、名称注记有无遗漏、等高线与高程点有无矛盾，发现问题应记录，便于野外检查核对。野外检查时应对照地形图实地全面核对，例如图上地物形状与位置是否与实地一致，地物是否遗漏，名称、注记是否正确齐全，等高线的形状、走向是否正确。若发现问题，应设站检查或补漏。

③ 整饰。按照大比例尺地形图图式规定的符号，用铅笔对原图进行整饰。整饰的一般顺序为内图廓线、控制点、独立地物、主要地物、次要地物、高程注记、等高线、植被、名称注记、外图廓线及图廓外注记等。要求达到真实、准确、清晰、美观。

图廓线外正上方写明测区名称和图幅号，正下方写明测图比例尺；在图廓线外右下方写明测图班组成员姓名及测图日期。

2. 地形图的判读

野外判读地形图，就是要将地形图上的地物、地貌与实地一一对应起来。本项实习的内容包括地形图定向和读图。

（1）地形图的定向

在地形图上找到站立点的位置，再找一个站立点较远的实地明显目标（地物、山头、鞍部、三角点、道路交叉口等）并在图上找到该点，使图上与实地的目标点在同一方向上。在野外行进过程中读图，往往只需将图纸大致定向，以便辨别自己行进的方向。通常可根据河流、道路、沟渠等线状地物的延伸方向与实际地物的延伸方向对应一致即可。

（2）读图

读图的依据是地物、地貌的形状、大小及其相互位置关系。在读图时，当地形图陈旧，地形图上的地物、地貌与实地出入太大时，应通过实地详细了解，获得可靠的资料。

3. 点位测设

本项实习包括点的平面位置测设和点的高程测设，现以建筑物的施工放样来说明点位测设的全过程。

（1）图上设计及放样数据计算

在本组实测的地形图上自行设计一建筑物，并确定其设计坐标，也可由指导教师给出统一的设计坐标。

如图 1 所示，1、2、3、4 为设计的建筑物，A、B 为控制点，当按已有控制点来放样时，可以计算放样数据 D_{A1} 和 β。

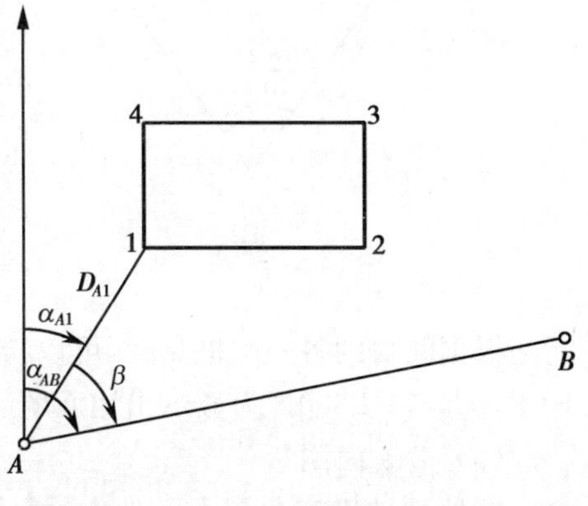

图 1

（2）平面位置的测设

根据控制点和放样数据画出放样略图，实地按极坐标法进行平面位置的测设。根据现场情况还可采用直角坐标法、角度交会法和距离交会法。当所设计建筑物附近没有已知控制点时，也可应用其与附近建筑物（或其他地物）的相对关系来测设。

(3) 高程的测设

根据建筑物附近已知水准点的高程和建筑物的测设高程，采用水准测量方法进行测设。

4. 线路测量

本项实习的内容包括定线测量、中线测量、圆曲线测设、纵横断面测量等。

(1) 定线测量

当地形图上设计出含有两个转折点的线路中线，根据中线附近的控制点和明显的地物点，采用直接定交点法，或采用穿线交点与拨角放线相结合的方法放线。放线数据可按图解法或解析法求得。放点方法常用极坐标法或支距法。

(2) 中线测量

根据设计图和实际情况，中线测量可采用解析法、图解法和现场选线法，定出百米桩，并在地形变化点、地质变化点、人工建筑物等处加桩。中线定线可采用经纬仪或目测定向，桩点横向偏差应小于1/1 000。在不能安置仪器的交点（如图 2 中的 JD），可设置两个辅助 A 和 B，用经纬仪测出 α_A 和 α_B，则 $\alpha=\alpha_A+\alpha_B$；用钢尺往返丈量 AB，其相对误差应小于1/2 000。

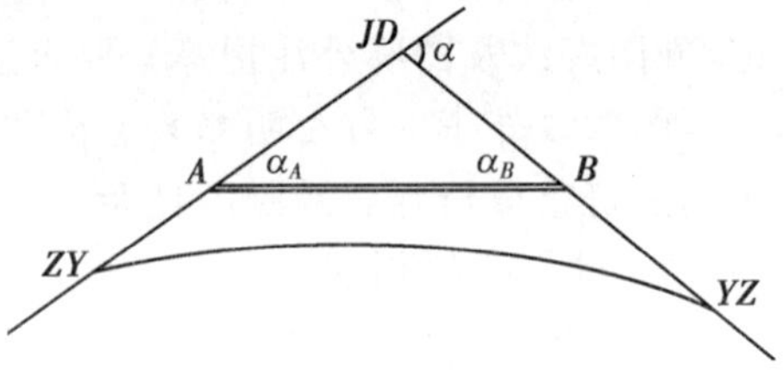

图 2

(3) 圆曲线测设

首先计算圆曲线要素：切线长 T、外矢距 E、曲线主点的里程。曲线计算中，角度取至分，距离取至厘米。

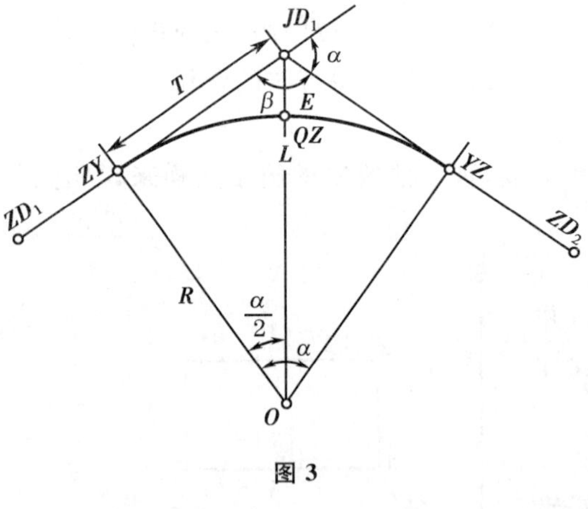

图 3

如图 3 所示，根据曲线要素，在实地定出曲线起点 ZY、中点 QZ、终点 YZ。测设方法可采用偏角法、切线支距法或中心角放射法。折角可用 DJ6 级经纬仪观测一测回测定。曲线上中桩间距一般为 10～40 m。曲线测设的相对误差应小于 1/1 000，横向误差的限差为±7.5 cm。

(4) 纵断面测量

一般以相邻两水准点为一测段，从一个水准点出发，逐个施测中间桩的地面高程，附合到另一水准点上。中间桩高程取至厘米。相邻水准点高与线段检测的较差不应超过 2 cm。

根据测得的各中间桩高程，可以绘制纵断面图。纵断面图常用的里程比例尺有 1∶5 000，1∶2 000，1∶1 000。为显示出地面的起伏变化，高程比例尺取里程比例尺的 10 倍。

(5) 横断面测量

在地面坡度变化较大的地方，每小组测 5～10 个中间桩的横断面。横断面的方向用方向架测定。断面方向上变坡点的距离和高差可用标杆皮尺法、斜距法或经纬仪视距法测定。

横断面施测宽度视具体情况而定，一般自中线两侧各测 20～30 m。

根据横断面测算成果绘制横断面图。横断面图的高差和距离比例尺相同，通常采用 1/200。

三、实习的成果整理、技术总结和考核工作

1. 实习的成果整理

在实习过程中，所有外业观测数据必须记在测量手簿上（规定的表格），如遇测错、记错或超限，应按规定的方法改正；内业计算也应在规定的表格上进行。全部实习结束时，应对成果资料进行整理编号。

（1）小组应交的资料

① 平面和高程控制测量外业记录手簿；碎部测量记录手簿。

② 1∶500 比例尺的平面图。

（2）个人应交的资料

① 平面和高程控制测量的计算成果。

② 放样数据计算结果（界址点坐标）。

③ 实习报告书。

2. 实习报告的编写

（1）封面

实习名称、地点、起讫日期、班组、编写人及指导教师姓名。

（2）目录

（3）前言

说明实习的目的、任务、过程。

（4）实习内容

叙述测量的顺序、方法、精度要求、计算成果及示意图等。

（5）实习体会

介绍实习中遇到的技术问题，采取的处理方法，对实习的意见和建议等。

3. 实习成绩的考核

（1）考核的依据

实习中的思想表现，出勤情况，对测量学知识的掌握程度，实际作业技能的熟练程度，分析问题和解决问题的能力，完成任务的质量，所交成果资料及仪器工具的爱护情况，实习报告的编写水平等。

（2）考核的方式

在实习中了解学生的操作情况，进行口试质疑，笔试或操作演示等，小组成绩占总评成绩的 50%，个人成绩占总评成绩的 50%。

（3）成绩评定

可分为优、良、中、及格、不及格。凡违反实习纪律、缺勤天数超过实习天数的 1/3、实习中损坏仪器工具及其他公物情节严重者、未交实习报告和成果资料甚至伪造成果等，均作不及格处理。

附录表

附录表 1－1

水准仪的认识与使用

仪器______________　　日期______________　　班组______________　　姓名______________

1. 在下图引线上标明仪器部件的名称。

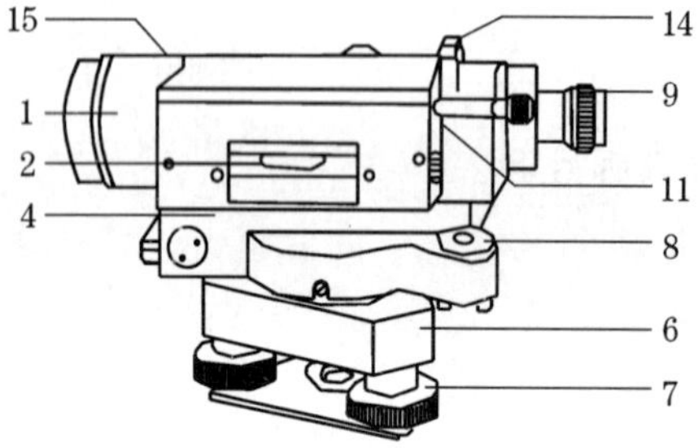

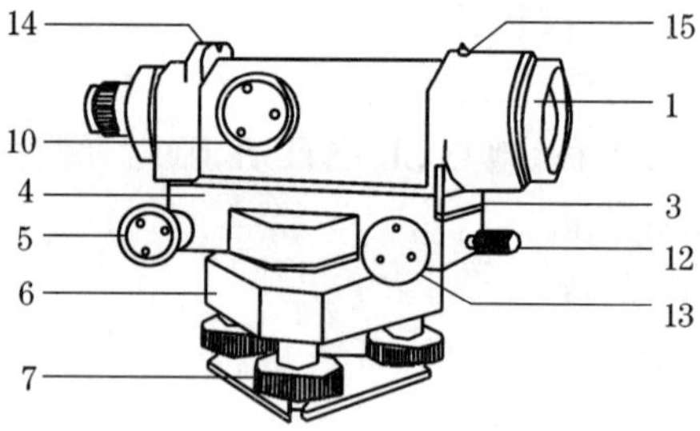

2. 用箭头标明如何转动 3 只脚螺旋，使右图所示的圆水准气泡居中。

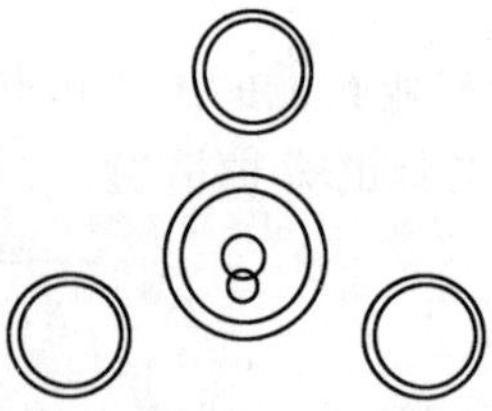

3. 对光消除视差的步骤是：转动__________使__________清晰，再转动__________螺旋使__________清晰。如发现______________现象，说明存在__________，则必须再转动__________，直至__________面和__________面重合。

续表

4. 用微倾式水准仪进行水准测量时，除了使__________气泡居中外，读数前还必须转动__________螺旋，使__________气泡居中，才能读数。若使下图气泡影像符合，请用箭头标出操作螺旋的转动方向。

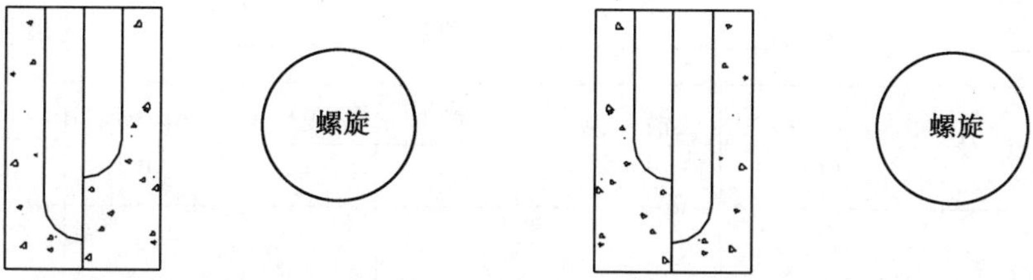

5. 观测练习记录。

点号	后视读数(m)	前视读数(m)	高差(m)		备注
			+	−	

附录表 2-1

普通水准测量记录

自＿＿＿＿＿＿＿＿　测至＿＿＿＿＿＿＿＿　日期＿＿＿＿＿＿＿＿　观测员＿＿＿＿＿＿＿＿

仪器＿＿＿＿＿＿＿＿　天气＿＿＿＿＿＿＿＿　班组＿＿＿＿＿＿＿＿　记录员＿＿＿＿＿＿＿＿

测　站	点　号	后　视 (m)	前　视 (m)	高　差(m)		高　程 (m)	备　注
				+	−		
计算核验	$\sum a=$　　$\sum b=$ $\sum h=$ $f_h=$　　$f_{h允}=\pm12\sqrt{n}=$　　(n 为测站数)						

附录表 2 - 2

高差误差配赋表

日期______________ 班组______________ 计算者____________ 检查者____________

点号	距离或测站	高差中数		改正数		改正后高差		高程	备注
		+ mm	− mm	±	mm	±	mm	m	
验算									
略图									

附录表 3 - 1

四等水准测量记录

自________________　　测至________________　　班组________________　　观测员________________

仪器________________　　天气________________　　日期________________　　记录员________________

$K=$________________　　成像________________　　时间________________　　检查员________________

测站	点号	后尺 上丝 / 下丝 / 后视距 / 视距差	前尺 上丝 / 下丝 / 前视距 / 累计差	方向及尺号	水准尺读数 黑面	水准尺读数 红面	$K+$黑一红 $K_{47}=4\,787$ $K_{46}=4\,687$	平均高差	备注
		(1)	(4)	后	(3)	(8)	(14)	(18)	
		(2)	(5)	前	(6)	(7)	(13)		
		(9)	(10)	后一前	(15)	(16)	(17)		
		(11)	(12)						
				后 47					
				前 46					
				后一前					
				后 46					
				前 47					
				后一前					
				后 47					
				前 46					
				后一前					
				后 46					
				前 47					
				后一前					
				后 47					
				前 46					
				后一前					
验算									

附录表 3 - 2

高差误差配赋表

日期______________ 班组______________ 计算者______________ 检查者______________

点号	距离或测站	高差中数		改正数		改正后高差		高程	备注
		＋ mm	－ mm	±	mm	±	mm	m	
验算									
略图									

附录表 4 - 1

水准仪的检验与校正

仪器型号______________　　　班组______________　　　检验者______________

仪器编号______________　　　日期______________　　　记录员______________

1. 一般性检验结果是：三脚架__________，制动与微动螺旋__________，微倾螺旋__________，脚螺旋__________，望远镜成像__________。

2. 水准仪的主要轴线有____，它们之间的几何关系是____。

3. 在对圆水准器轴与仪器竖轴是否平行的检校过程中，请用虚圆圈绘出下列情况下的气泡位置：(a)仪器整平后；(b)仪器转 180°后；(c)校正法时，用__________校正气泡偏离的__________后；(d)用__________调整气泡偏离的__________后；(e) 仪器转 180°再检验时。

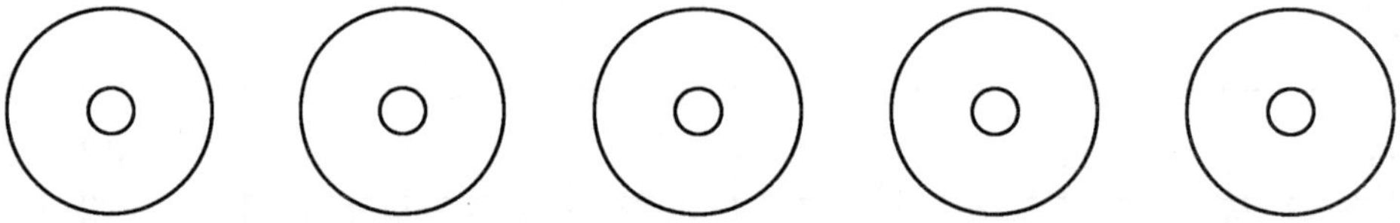

(a)　　　(b)　　　(c)　　　(d)　　　(e)

4. 在对十字丝横丝与仪器轴是否垂直的检校过程中，请在下图中绘出十字横丝与目标点的位置关系。

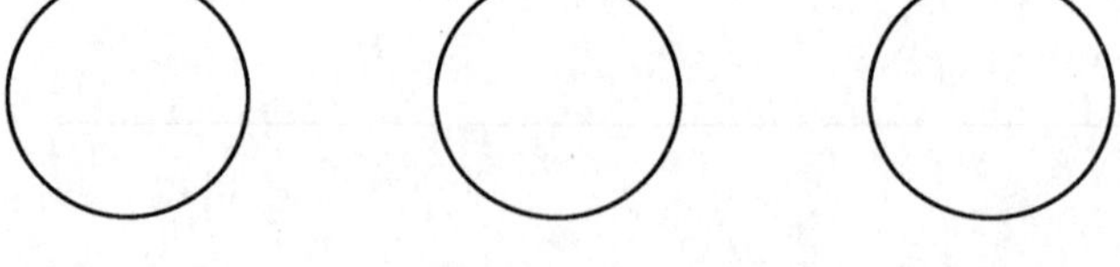

续表

5. 对水准管轴与视准轴是否平行的检校记录：				
仪器位置	项　目	第一次	第二次	第三次
在中点测高差	A 点尺上读数 a_1'			
	B 点尺上读数 b_1'			
	$h_{AB}'=a_1'-b_1'$			
在 A 点附近检校	A 点尺上读数 a_2			
	B 点尺上读数 b_2			
	$b_2'=a_2-h_{AB}'$			
	偏差值 $\Delta b=b_2-b_2'$			
	$i'=\frac{\lvert\Delta b\rvert}{D_{AB}}\cdot\rho''$			

备注(略图)：

附录表 5－1

精密水准测量记录

自________　　测至________　　班组________　　观测员________

仪器________　　天气________　　日期________　　记录员________

$K=$________　　成像________　　时间________　　检查员________

<table>
<tr><td rowspan="4">测站</td><td rowspan="4">点号</td><td rowspan="2">后尺</td><td>下丝</td><td rowspan="2">前尺</td><td>下丝</td><td rowspan="4">方向及尺号</td><td colspan="2" rowspan="2">水准尺读数</td><td rowspan="4">基＋K减辅（一减二）</td><td rowspan="4">高差中数</td><td rowspan="4">备注</td></tr>
<tr><td>上丝</td><td>上丝</td></tr>
<tr><td colspan="2">后视距</td><td colspan="2">前视距</td><td rowspan="2">基本分划（一次）</td><td rowspan="2">基本分划（二次）</td></tr>
<tr><td colspan="2">视距差</td><td colspan="2">累计差</td></tr>
<tr><td rowspan="4"></td><td rowspan="4"></td><td colspan="2">（1）</td><td colspan="2">（4）</td><td>后</td><td>（3）</td><td>（8）</td><td>（14）</td><td rowspan="4">（18）</td><td rowspan="4"></td></tr>
<tr><td colspan="2">（2）</td><td colspan="2">（5）</td><td>前</td><td>（6）</td><td>（7）</td><td>（13）</td></tr>
<tr><td colspan="2">（9）</td><td colspan="2">（10）</td><td>后－前</td><td>（15）</td><td>（16）</td><td>（17）</td></tr>
<tr><td colspan="2">（11）</td><td colspan="2">（12）</td><td colspan="4"></td></tr>
<tr><td rowspan="4"></td><td rowspan="4"></td><td colspan="2"></td><td colspan="2"></td><td>后</td><td></td><td></td><td></td><td rowspan="4"></td><td rowspan="4"></td></tr>
<tr><td colspan="2"></td><td colspan="2"></td><td>前</td><td></td><td></td><td></td></tr>
<tr><td colspan="2"></td><td colspan="2"></td><td>后－前</td><td></td><td></td><td></td></tr>
<tr><td colspan="2"></td><td colspan="2"></td><td colspan="4"></td></tr>
<tr><td rowspan="4"></td><td rowspan="4"></td><td colspan="2"></td><td colspan="2"></td><td>后</td><td></td><td></td><td></td><td rowspan="4"></td><td rowspan="4"></td></tr>
<tr><td colspan="2"></td><td colspan="2"></td><td>前</td><td></td><td></td><td></td></tr>
<tr><td colspan="2"></td><td colspan="2"></td><td>后－前</td><td></td><td></td><td></td></tr>
<tr><td colspan="2"></td><td colspan="2"></td><td colspan="4"></td></tr>
<tr><td rowspan="4"></td><td rowspan="4"></td><td colspan="2"></td><td colspan="2"></td><td>后</td><td></td><td></td><td></td><td rowspan="4"></td><td rowspan="4"></td></tr>
<tr><td colspan="2"></td><td colspan="2"></td><td>前</td><td></td><td></td><td></td></tr>
<tr><td colspan="2"></td><td colspan="2"></td><td>后－前</td><td></td><td></td><td></td></tr>
<tr><td colspan="2"></td><td colspan="2"></td><td colspan="4"></td></tr>
<tr><td rowspan="4"></td><td rowspan="4"></td><td colspan="2"></td><td colspan="2"></td><td>后</td><td></td><td></td><td></td><td rowspan="4"></td><td rowspan="4"></td></tr>
<tr><td colspan="2"></td><td colspan="2"></td><td>前</td><td></td><td></td><td></td></tr>
<tr><td colspan="2"></td><td colspan="2"></td><td>后－前</td><td></td><td></td><td></td></tr>
<tr><td colspan="2"></td><td colspan="2"></td><td colspan="4"></td></tr>
<tr><td rowspan="4"></td><td rowspan="4"></td><td colspan="2"></td><td colspan="2"></td><td>后</td><td></td><td></td><td></td><td rowspan="4"></td><td rowspan="4"></td></tr>
<tr><td colspan="2"></td><td colspan="2"></td><td>前</td><td></td><td></td><td></td></tr>
<tr><td colspan="2"></td><td colspan="2"></td><td>后－前</td><td></td><td></td><td></td></tr>
<tr><td colspan="2"></td><td colspan="2"></td><td colspan="4"></td></tr>
<tr><td colspan="2">验算</td><td colspan="9"></td><td></td></tr>
</table>

附录表 5－2

高差误差配赋表

日期________ 班组________ 计算者________ 检查者________

点号	距离或测站	高差中数		改正数		改正后高差		高程	备注
		＋ mm	－ mm	±	mm	±	mm	m	
验算									
略图									

附录表 6－1

DJ6 级光学经纬仪的认识及使用

仪器型号____________ 班组____________ 检验者____________

仪器编号____________ 日期____________ 记录员____________

1. 在下图引出的线上注明该部件的名称。

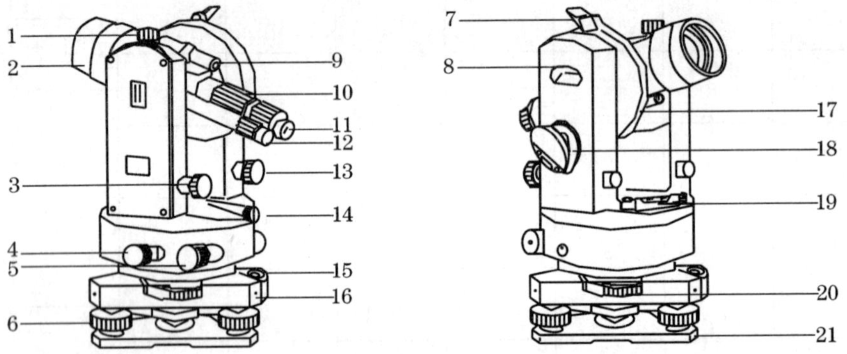

2. 从读数窗中观察到测微尺最小格的分划值为____________秒。

3. 观测记录练习。

测　　站	目　　标	盘　　左	盘　　右	备　　注

附录表 7-1

测回法观测水平角记录

仪器__________ 天气__________ 班组__________ 观测者__________

测站__________ 成像__________ 日期__________ 记录者__________

测回	竖盘位置	目标	水平度盘读数 (° ′ ″)	半测回角值 (° ′ ″)	较差 (″)	一测回角值 (° ′ ″)
	左	*A*				
		B				
	右	*A*				
		B				
	左	*A*				
		B				
	右	*A*				
		B				
	左	*A*				
		B				
	右	*A*				
		B				
	左	*A*				
		B				
	右	*A*				
		B				
	左	*A*				
		B				
	右	*A*				
		B				
	左	*A*				
		B				
	右	*A*				
		B				
各测回角值最大互差				各测回角值的平均值		

附录表 8－1

DJ2 级光学经纬仪的认识及使用

仪器型号__________ 班组__________ 检验者__________

仪器编号__________ 日期__________ 记录员__________

1. 在下图引出的线上注明该部件的名称。

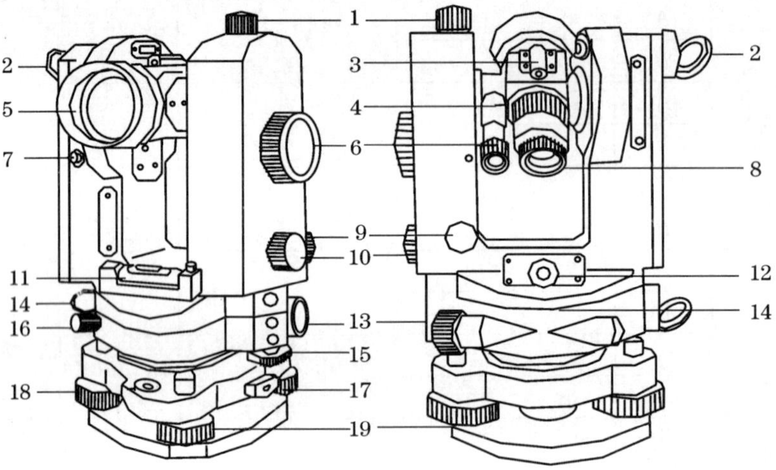

2. 从读数窗中观察到测微器最小格的分划值为__________秒。

3. 观测记录练习。

测　　站	目　　标	盘　　左	盘　　右	备　　注

附录表 9－1

方向观测法水平角观测记录

测站________ 日期________ 班组________

仪器________ 天气________ 观测者________

时间________ 成像________ 记录者________

方向略图	

测回	目标	水平度盘读数		左－右 2C (″)	$\frac{左+右}{2}$ (″)	一测回归零方向值 (° ′ ″)	各测回归零平均方向值 (° ′ ″)
		盘左 (° ′ ″)	盘右 (° ′ ″)				

附录表 10－1

竖直角观测记录

仪 器 ____________ 班 组 ____________ 观测者____________

天 气 ____________ 日 期 ____________ 记录者____________

测回	目标	竖盘位置	竖盘读数 (° ′ ″)	半测回垂直角值 (° ′ ″)	指标差 (″)	一测回垂直角值 (° ′ ″)	备 注
		左					
		右					
		左					
		右					
		左					
		右					
		左					
		右					
		左					
		右					
		左					
		右					
		左					
		右					
		左					
		右					
		左					
		右					
		左					
		右					
		左					
		右					
		左					
		右					
		左					
		右					
		左					
		右					

附录表 11－1

经纬仪的检验与校正

仪器型号________________ 班组____________________ 检验者__________________

仪器编号________________ 日期____________________ 记录员__________________

1. 一般性检验结果是：三脚架____________，水平制动与微动螺旋____________，望远镜制动与微动螺旋____________，照准部转动____________，望远镜转动____________，望远镜成像____________，脚螺旋____________。

2. 经纬仪的主要轴线____。
   它们之间正确的几何关系是____。

3. 在对照准部水准管与仪器竖轴是否垂直的检校中，整平后照准部转动 180°时气泡偏离正确位置______________，校正时拨动水准管螺丝，使气泡退回______________；再转动______________使气泡居中。

整平并转动180°后气泡位置

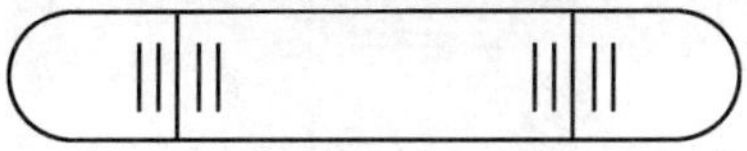

校正后气泡位置

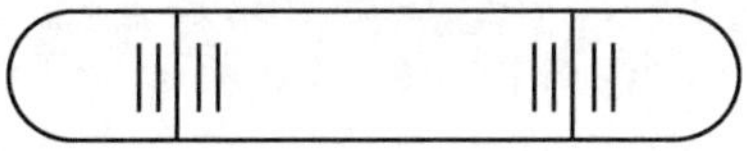

4. 绘图说明十字丝与照准部横轴是否垂直的检校情况。

续表

5．望远镜视准轴与照准部横轴不垂直时，在观测中反映出的误差为____________。

（1）用方法一检验时，照准远处大致水平的一点进行盘左、盘右观测，得水平度盘读数分别为 $a_{左}=$

$a_{右}=$ ，则照准误差的计算公式和数值为 $c=$校正时仍在盘右位置水平度

盘读数应为 $a'_{右}=$ 校正方法是：

（2）绘图说明方法二的检校过程和方法。

6．绘图说明仪器的横轴与竖轴是否垂直的检校过程和方法。

附录表 12－1

电子经纬仪的认识及使用

仪器型号________________　　班组____________________　　检验者__________________

仪器编号________________　　日期____________________　　记录员__________________

1. 在下图引出的线上注明该部件的名称。

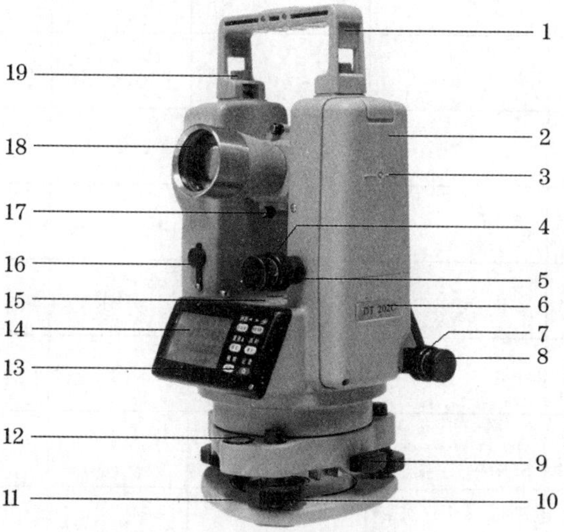

2. 从读数屏中观察到的最小读数值为____________秒。

3. 观测记录练习。

测　　站	目　　标	盘　　左	盘　　右	备　　注

附录表 13-1

钢尺量距记录

尺号＿＿＿＿＿＿ 日期＿＿＿＿＿＿ 班 组＿＿＿＿＿＿ 记录者＿＿＿＿＿＿

尺长＿＿＿＿＿＿ 温度＿＿＿＿＿＿ 观测者＿＿＿＿＿＿

线段	往测 (m)	返测 (m)	往－返 (m)	相对 误差	平均距离 (m)	备 注
平均 或累计						

附录表 13－2

钢尺检定计算

尺　　号＿＿＿＿＿＿＿＿　日期＿＿＿＿＿＿＿＿　检定者＿＿＿＿＿＿＿＿

名义长度＿＿＿＿＿＿＿＿　班组＿＿＿＿＿＿＿＿　记录者＿＿＿＿＿＿＿＿

测回	测向	丈量时间	丈量时温度 t（℃）	温度差 $t-20℃$	尺段量得长度（m）	温度改正数 Δt（mm）	温度改正后量得的长度（m）
1	往						
	返						
2	往						
	返						
3	往						
	返						
平均量得的长度			$L'=$				
标准长度			$L=$				
每米尺长改正数			$L-L'/L$				
30 m 尺长改正数							
尺长方程式							

附录表 14－1

经纬仪钢尺导线测量记录

仪器＿＿＿＿＿＿＿　日期＿＿＿＿＿＿＿　班　组＿＿＿＿＿＿＿　观测者＿＿＿＿＿＿＿

钢尺＿＿＿＿＿＿＿　天气＿＿＿＿＿＿＿　记录者＿＿＿＿＿＿＿　量距者＿＿＿＿＿＿＿

测站	竖盘位置	目标	水平度盘读数 (° ′ ″)	半测回角值 (° ′ ″)	一测回角值 (° ′ ″)	边号	往测 返测 (m)	平均距离 (m)

附录表 14 - 2

闭合导线计算表

点号	转折角 ( ) (° ′ ″)	改正后转折角 (° ′ ″)	坐标方位角 α (° ′ ″)	边长 D (m)	增量计算值(m)		改正后增量(m)		坐 标(m)		点号
					Δx	Δy	Δx	Δy	x	y	

$\sum\beta_{测} =$　　　　$\sum D =$　　　　$f_x =$

$\sum\beta_{理} =$　　　　$f_y =$

$f_\beta = \sum\beta_{测} - \sum\beta_{理} =$　　　　$f_{\beta允} = \pm 60'' \sqrt{n}$　　　　$f = \sqrt{f_x^2 + f_y^2}$　　　　$T = \dfrac{f}{\sum D}$

附录表 14－3

附合导线计算表

点号	转折角 ( ) (° ′ ″)	改正后转折角 (° ′ ″)	坐标方位角 α (° ′ ″)	边长 D (m)	增量计算值(m)		改正后增量(m)		坐 标(m)		点号
					Δx	Δy	Δx	Δy	x	y	

$\sum \beta_{测} =$ 　　　　$\sum D =$ 　　　　$f_x =$

$\sum \beta_{理} =$ 　　　　$f_y =$

$f_\beta = \sum \beta_{测} - \sum \beta_{理} =$ 　　　　$f_{\beta允} = \pm 60'' \sqrt{n}$ 　　　　$f = \sqrt{f_x^2 + f_y^2}$ 　　　　$T = \frac{f}{\sum D}$

附录表 15 - 1

水平角竖直角距离坐标测量记录

仪器________ 班组________ 天气________ 温度________ 日期________ 观测者________ 记录者________

测站（仪器高）测站高程	目标（棱镜高）	竖盘位置	水平角观测		竖直角观测		距离高差测量			坐标测量		
			水平度盘读数（° ′ ″）	方向值或角值（° ′ ″）	竖盘读数（° ′ ″）	竖直角（° ′ ″）	斜距（m）	平距（m）	高差（m）	x（m）	y（m）	h（m）

附录表 16 - 1

碎部测量记录(一)

测站______________ 测站高程______________ 日期______________ 观测者______________

仪器______________ 仪器高 i ______________ 班组______________ 记录者______________

点号	视距 (m)	瞄准高 v (m)	竖盘读数 (° ′)	垂直角 α (° ′)	高差 h (m)	水平角 β (° ′)	水平距离 D (m)	高程 H (m)

碎部测量记录(二)

测站__________ 测站高程__________ 日期__________ 观测者__________

仪器__________ 仪器高 i__________ 班组__________ 记录者__________

点号	视距 (m)	瞄准高 v (m)	竖盘读数 (° ′)	垂直角 α (° ′)	高差 h (m)	水平角 β (° ′)	水平距离 D (m)	高程 H (m)

附录表 17－1

机械求积仪分划值测定

日 期＿＿＿＿＿＿　班 组＿＿＿＿＿＿　观 测 者＿＿＿＿＿＿　记 录 者＿＿＿＿＿＿

求积仪位置		第一位置		第二位置	
测定次数		第一次	第二次	第一次	第二次
测轮读数	终　结				
	起　始				
	差　数				
平　均					
已知面积 P					
分划值 C					

附录表 17－2

机械求积仪图形面积测定

求积仪位置		第一位置		第二位置	
测定次数		第一次	第二次	第一次	第二次
测轮读数	终　结				
	起　始				
	差　数				
平　均					
图形面积					
实地面积					

附录表 18－1

点的平面位置测设记录

日期______________ 班组______________ 观测者______________ 记录者______________

点号	坐标值		坐标差		坐标方位角 (° ′ ″)	线名	应测设的水平角 (° ′ ″)	应测设的水平距离 (m)	测设略图
	x (m)	y (m)	Δx (m)	Δy (m)					

附录表 18－2

点的高程测设、检测记录

测站	已知水准点		后视读数	视线读数 (m)	待测设点		前视应有读数	填挖数 (m)	检　测	
	点号	高程 (m)			点号	设计高 (m)			实际读数	误差 (m)

附录表 19－1

圆曲线主点的测设记录

转折点号＿＿＿＿＿＿＿＿ 日期＿＿＿＿＿＿＿＿ 观测者＿＿＿＿＿＿＿＿

仪　器＿＿＿＿＿＿＿＿ 班组＿＿＿＿＿＿＿＿ 记录者＿＿＿＿＿＿＿＿

测回	度盘位置	观测点名	水平度盘读数 (° ′ ″)	半测回角值 (° ′ ″)	一测回角值 (° ′ ″)	略图
						转角 α

曲线的主要元素及点桩号计算			
曲线半径 R		切曲差 J	
切线长 $T=R\mathrm{tg}\frac{\alpha}{2}$		起点 ZY 的里程	
曲线长 $L=R\cdot\alpha\cdot\frac{\pi}{180}$		中点 QZ 的里程	
外矢距 $E=R\left(\sec\frac{\alpha}{2}-1\right)$		终点 YZ 的里程	
备注			

附录表 19-2

圆曲线细部点测设记录

转折点号______________　　日期______________　　观测者______________

仪　　器______________　　班组______________　　记录者______________

点号	里程桩号	弧长 (m)	支距法		偏角法		备注
			x (m)	y (m)	弦长 (m)	偏角值 (° ′ ″)	

附录表 20－1

纵断面水准测量记录

仪器__________ 日期__________ 班组__________ 观测者__________ 记录者__________

测站	柱号	水准尺读数			高差		视线高程（m）	高程（m）
		后视	前视	中间视	+ −	（m）		

附录表 20－2

横断面水准测量记录

仪器__________ 日期__________ 班组__________ 观测者__________ 记录者__________

左侧			里程桩号	右侧		
间距（m）	高差（m）	水准尺读数	水准尺读数	水准尺读数	高差（m）	间距（m）